U0347637

“六个浙江”研究丛书

迈向生态文明
建设美丽浙江

傅歆等 / 著

Marching towards Ecological Civilization
Building a Beautiful Zhejiang

社会科学文献出版社
SOCIAL SCIENCES ACADEMIC PRESS (CHINA)

“六个浙江”研究丛书
总　序

中共浙江省委书记
浙江省人大常委会主任　车俊

党的十九大将习近平新时代中国特色社会主义思想确立为我们党必须长期坚持的指导思想，高高举起了新时代中国共产党人的精神旗帜。学习贯彻党的十九大精神，最重要的就是深入学习领会习近平新时代中国特色社会主义思想这个党的十九大精神的“纲”和“魂”，用当代马克思主义中国化最新成果武装头脑、指导实践、推动工作。

浙江是中国革命红船的起航地、改革开放的先行地，也是习近平新时代中国特色社会主义思想的重要萌发地。2003年7月，时任浙江省委书记习近平同志通过深入调研、深邃思考，在科学判断国际国内形势和全面把握浙江省情的基础上，作出了“八八战略”等重大决策部署，并全面推进平安浙江、法治浙江、文化大省、生态省建设和加强党的执政能力建设，在省域层面对中国特色社会主义进行了卓有成效的理论创新和实践创新。习近平总书记在浙江的探索和实践，与习近平新时代中国特色社会主义思想是前后相续、融会贯通的，在理论渊源、实践基础、思想内涵上具有内在一致性。浙江这些年改革发展取得的一切成就，是“八八战略”引领和实践的结果，也充分证明习近平新时代中国特色社会主义思想在浙江大地已经落地生根，正在开花结果，日益彰显出巨大的理论力量和实践力量。

思想灯塔照耀奋进之路，真理火炬引领前行方向。2017 年 6 月召开的浙江省第十四次党代会，根据习近平总书记对浙江提出的“在提高全面建成小康社会水平上更进一步，在推进改革开放和社会主义现代化建设中更快一步，继续发挥先行和示范作用”的要求，确定了“坚定不移沿着‘八八战略’指引的路子走下去”的主题主线，提出了“高水平全面建成小康社会，高水平推进社会主义现代化建设”的总目标和“富强浙江、法治浙江、文化浙江、平安浙江、美丽浙江、清廉浙江”的具体目标，确立了“改革强省、创新强省、开放强省、人才强省”的工作导向，描绘了今后一个时期浙江发展的美好蓝图。2017 年 11 月召开的省委十四届二次全会，深入学习贯彻十九大精神和习近平总书记南湖重要讲话精神，作出了《中共浙江省委关于高举习近平新时代中国特色社会主义思想伟大旗帜，奋力推进“两个高水平”建设的决定》，对“两个高水平”奋斗目标作了相应的具体安排，确保到 2020 年高水平全面建成小康社会，这个目标实现之后，分两个阶段高水平全面建设社会主义现代化：从 2020 年到 2035 年，全面建成富强浙江、法治浙江、文化浙江、平安浙江、美丽浙江、清廉浙江，高水平完成基本实现社会主义现代化的目标；从2035年到本世纪中叶，全面提升物质文明、政治文明、精神文明、社会文明、生态文明水平，在我国建成富强民主文明和谐美丽的社会主义现代化强国的新征程中继续走在前列、勇立潮头。当前，浙江广大干部群众正高举习近平新时代中国特色社会主义思想伟大旗帜，大力弘扬红船精神，以永不懈怠的精神状态和勇往直前的奋斗姿态，坚定不移沿着“八八战略”指引的路子走下去，加快推进“两个高水平”建设，奋力谱写新时代中国特色社会主义浙江篇章。

浙江省社会科学院是我省学习、宣传、研究习近平新时代中国特色社会主义思想的重要阵地。一段时间以来，省社科院认真贯彻省委要求，组织科研骨干力量，积极开展“践行‘八八战略’、建设‘六个浙江’”专题研究，这对于浙江广大干部学懂弄通做实习近平新时代中国特色社会主义思想，更好地贯彻落实十九大精神和省第十四次党代会精神，具有重要的意义。希望省社科院紧紧围绕深入学习宣传贯彻习近平新时代中国特色社会主义思想，充分发挥哲学社会科学的综合学科优势，继续组织开展源头性研究、基础性研究、系统性研究、前瞻性研究，努力推出更多的具有理论深度、实践力度、情感温度的研究成果，为浙江加快“两个高水平”建设提供有力的智力支持。

目　录

导　言

浙江，位于东海之滨，山水秀美，人文荟萃，是习近平总书记“绿水青山就是金山银山”的理念萌发和实践的地方。从踏上浙江这片土地的那一刻起，习近平同志十分关注生态保护、心系绿色发展。在2003年召开的浙江省委十一届四次全会上，时任省委书记习近平同志在代表省委所作的报告中将“进一步发挥浙江的生态优势，创建生态省，打造‘绿色浙江’”作为其主政浙江时期的主要战略思想——“八八战略”的重要内容之一。

2005年8月，习近平同志来到安吉天荒坪镇的余村，首次明确提出“绿水青山就是金山银山”的科学论断。2006年3月，习近平同志在《浙江日报》“之江新语”专栏撰文说，人们对于绿水青山与金山银山之间关系的认识，经过了三个阶段：第一个阶段是用绿水青山去换金山银山，不考虑或者很少考虑环境的承载能力，一味索取资源；第二个阶段是既要金山银山，但是也要保住绿水青山，这时候经济发展与资源匮乏、环境恶化之间的矛盾开始凸显，人们意识到环境是我们生存发展的根本，要留得青山在，才能有柴烧；第三个阶段是认识到绿水青山可以源源不断地带来金山银山，绿水青山本身就是金山银山，我们种的常青树就是摇钱树，生态优势变成经济优势，形成了一种浑然一体、和谐统一的关系。

习近平同志亲自擘画生态省建设，希冀以20年左右的接续努力，保护和改善生态环境，化生态优势为经济优势，建成一个经济繁荣、山川秀美、社会文明的“绿色浙江”。习近平同志倡导的“千村示范、万村整治”作为一项“生态工程”，是推动生态省建设的有效载体，既保护了“绿水青山”，又带来了“金山银山”。

在创建生态省的基础上，省委十二届七次全会通过的《中共浙江省委关于推进生态文明建设的决定》进一步提出了“生态浙江”的概念。该决定指出：坚持以邓小平理论和“三个代表”重要思想为指导，深入贯彻落实科学发展观，全面实施“八八战略”和“创业富民、创新强省”总战略，坚持生态省建设方略、走生态立省之路，大力发展生态经济，不断优化生态环境，注重建设生态文化，着力完善体制机制，加快形成节约能源、资源和保护生态环境的产业结构、增长方式和消费模式，打造“富饶秀美、和谐安康”的生态浙江，努力实现经济社会可持续发展，不断提高浙江人民的生活品质。

党的十八大报告明确提出了以“美丽中国”为目标的生态文明建设思路。2013 年年初，习近平总书记在与时任杭州市委书记黄坤明谈话时指出，“希望你们更加扎实地推进生态文明建设，努力使杭州成为美丽中国建设的样本”。[①] 作为习近平总书记曾经主政过的地方，浙江理当成为美丽中国建设的先行区。因此，2014 年召开的省委十三届五次全会专题研究生态文明建设，并且做出了《中共浙江省委关于建设美丽浙江创造美好生活的决定》。该决定指出：“党的十八大把生态文明建设纳入中国特色社会主义事业总体布局，提出努力建设美丽中国，走向社会主义生态文明新时代，实现中华民族永续发展。党的十八届三中全会把加快生态文明制度建设作为全面深化改革的重要内容，提出必须建立系统完整的生态文明制度体系，用制度保护生态环境。习近平总书记强调，走向生态文明新时代，建设美丽中国，是实现中华民族伟大复兴的中国梦的重要内容。他还提出，‘山水林田湖是一个生命共同体’、‘绿水青山就是金山银山’、‘人民对美好生活的向往，就是我们的奋斗目标’等一系列新思想新观点新要求。这标志着我们党对中国特色社会主义规律的认识进一步深化，表明了我们党坚持‘五位一体’总体布局、加强生态文明建设的坚定意志和坚强决心。”该决定进一步指出：“建设美丽浙江、创造美好生活，是建设美丽中国在浙江的具体实践，也是对历届省委提出的建设绿色浙江、生态省、全国生态文明示范区等战略目标的继承和提升。这些年来，浙江在生态文明建设实践中，始终以‘八八战略’为统领，进一步发挥浙江的生态优势，坚定‘绿水青山就是金山

① 王力、李稹：《绘就一幅“美丽杭州”的幸福画卷》，《杭州日报》2013 年 7 月 31 日。

银山’的发展思路，坚持一任接着一任干、一张蓝图绘到底，把生态文明建设放在突出位置；坚持在保护中发展、在发展中保护，把发展生态经济和改善生态环境作为核心任务；坚持全面统筹、突出重点，把解决影响可持续发展和危害人民群众身体健康的突出环境问题作为着力点；坚持严格监管、优化服务，把保障生态环境安全和维护社会和谐稳定作为基本要求；坚持党政主导、社会参与，把创新体制机制和倡导共建共享作为重要保障，推进我省生态文明建设取得重大进展和积极成效，为建设美丽浙江、创造美好生活奠定了坚实基础。”

在2017年6月召开的浙江省第十四次党代会上，浙江省委书记车俊描绘了接下来五年美丽浙江的奋斗目标，为浙江生态文明建设指明了前进的方向。根据浙江省第十四次党代会精神，在接下来几年，浙江从发展理念上深入践行“绿水青山就是金山银山”的重要理念，全面推进生态文明建设，大力开展“811”美丽浙江建设行动，积极建设可持续发展议程创新示范区，推动形成绿色发展方式和生活方式，为人民群众创造良好生产生活环境，大力建设具有诗画江南韵味的美丽城乡，把省域建成“大花园”，走出一条生态发展的新路。初步形成比较完善的生态文明制度体系，以水、大气、土壤和森林绿化美化为主要标志的生态系统初步实现良性循环，全省生态环境面貌出现根本性改观，生态文明建设主要指标和各项工作走在全国前列，争取建成全国生态文明示范区和美丽中国先行区，城乡统筹发展指数、城乡居民收入、居民健康指数、生态环境指数、文化发展指数、社会发展指数、社会保障指数、农民权益保障指数等达到预期目标。在此基础上，再经过较长时间努力，实现天蓝、水清、山绿、地净，建成富饶秀美、和谐安康、人文昌盛、宜业宜居的美丽浙江。2018年10月29日，浙江省委、省政府印发《关于高标准打好污染防治攻坚战高质量建设美丽浙江的意见》，就进一步打好污染防治攻坚战、建设美丽浙江作出具体部署安排，构架起新时代浙江生态文明建设的“四梁八柱”。该意见分四个时间段描绘出了打赢污染防治攻坚战、建设美丽浙江的宏伟蓝图。到2020年，高标准打赢污染防治攻坚战，加快补齐生态环境短板，确保生态环境保护水平与高水平全面建成小康社会目标相适应；到2022年，各项生态环境建设指标处于全国前列，生态文明制度体系进一步完善，基本建成美丽中国示范区；到2035年，全省生态环境面貌实现根本性改观，生态环境质量大幅提升，蓝天白云绿水青山成为常态，基本满足人民对优美生态环境的需要，美丽浙江建设目标全面实现；到21世纪中叶，绿色发展方式和生活方式全面形成，人与自然和谐共生，人民享有更加幸福安康的生活，在我国社会主义现代化强国的新征程中继续走在前列、勇立潮头。正如习近平总书记2020年3月29日至4月1日在浙江考察时所指出的：要践行“绿水青山就是金山银山”发展理念，推进浙江生态文明建设迈上新台阶，把绿水青山建得更美，把金山银山做得更大，让绿色成为浙江发展最动人的色彩。

第一章

美丽浙江提出、内涵与重大意义

建设美丽浙江，是建设美丽中国在浙江的具体实践，也是对历届浙江省委提出的建设绿色浙江、生态省、全国生态文明示范区等战略目标的继承和提升。这些年来，浙江在生态文明建设实践中，始终以“八八战略”为统领，进一步发挥浙江的生态优势，坚定“绿水青山就是金山银山”的发展思路，坚持一任接着一任干、一张蓝图绘到底，把生态文明建设放在突出位置；坚持在保护中发展、在发展中保护，把发展生态经济和改善生态环境作为核心任务；坚持全面统筹、突出重点，把解决影响可持续发展和危害人民群众身体健康的突出环境问题作为着力点；坚持严格监管、优化服务，把保障生态环境安全与维护社会和谐稳定作为基本要求；坚持党政主导、社会参与，把创新体制机制和倡导共建共享作为重要保障，推进浙江省生态文明建设取得重大进展和积极成效，为建设美丽浙江奠定了坚实基础。

第一节　美丽浙江的重大意义

拥有天蓝、水清、山绿、地净的美好家园，是每个中国人的梦想，是中华民族伟大复兴中国梦的重要组成部分。美丽中国是这一美好愿景的重要载体。美丽浙江是美丽中国的有机组成部分，既体现为生产集约高效、生活宜居适度、生态山清水秀，也体现为百姓生活富足、人文精神彰显、社会和谐稳定。建设美丽浙江是深入实施“八八战略”的内在要求，顺应了人民对美好生活的新期待，体现了中国梦和美丽中国在浙江的生动实践。

第一，建设美丽浙江是走在前列的责任担当。建设美丽浙江，我们有天时、地利、人和的良好条件，一定要抓住机遇、乘势而上，敢于负责、勇于担当，力求干在实处、走在前列。所谓“天时”，就是党的十八大把生态文明建设提升到中国特色社会主义事业五位一体总布局的战略高度，以习近平同志为核心的党中央就建设美丽中国提出了一系列新思想和新观点，为推进生态文明建设指明了方向。所谓“地利”，就是浙江作为东南沿海经济发达省份，具备建设生态文明的雄厚物质基础、良好自然环境和坚实工作基础，具有相对独立的地理单元和区位优势，既靠海，又有山，山川秀丽，环境优美，物种丰富，环境支持系统居全国前列；环境保护和生态建设基础较好、进展较快，生态环境质量总体上处于全国领先地位。所谓“人和”，就是全省上下凝心聚力、众志成城推进生态文明建设的共识和氛围已经形成，省委、省政府一系列生态建设和环境治理的新举措逐步落实，政府主导和公众参与的两个作用有效发挥，为美丽浙江建设奠定了坚实的社会基础。建设美丽浙江，任务繁重，使命光荣。我们有责任、有条件，也有信心、有决心抓好这项工作，为建设美丽中国、实现中国梦当先锋、打头阵。

第二，建设美丽浙江是百姓期盼的民生工程。建设美丽浙江既是问题导向，更是民心所向。近年来，浙江生态建设和环境保护取得明显成效，但总体形势依然严峻，局部压力继续增大。特别是平原河网水质不容乐观，雾霾天气天数仍在增多，土壤重金属污染比较严重，食品安全形势不容乐观。这些环境问题与百姓生活休戚相关，已成为突出的民生问题。民之所忧、我之所思，民之所思、我之所行。人民对美好生活的向往，就是我们的奋斗目标。只有切实解决这些事关人民群众切身利益的重大问题，积极创造舒适优美的生产生活环境，才能使浙江山川更加秀美、人民生活更加美好，才能赢得民心、拥有未来。

第三，建设美丽浙江是科学发展的必由之路。改革开放 40 多年来，我们在取得巨大发展成就的同时，也付出了资源环境的沉重代价，究其根源在于传统增长模式。紧紧抓住转型升级的机遇期和关键期，走好“闯关之旅”，奋力爬坡过坎。一要过好发展关。顺利完成干好“一三五”、实现“四翻番”的目标任务，就必须在复杂多变的经济形势下，在要素资源空间十分有限的条件下，发挥生态优势，提高产出效率，走高质量、高效益的发展之路。二要过好人口关。浙江省是全国人口密度最大的省份之一，而且保持增长态势，部分地区人口数量已超过资源环境承载能力。三要过好环境关。浙江人多地少、经济密集、环境容量小，加上环境欠账较多，节能减排任务艰巨。四要过好转型关。浙江经济增长“三个过多依赖”格局尚未根本改变，面临着调整产业结构、加快转型升级的艰巨任务。山清水秀但贫穷落后不是我们的目标，生活富裕但环境退化也不是我们的目标。我们别无选择，唯有突破重围，步入新途，大力推进生态文明建设，加快转变经济发展方式，努力实现经济社会、人与自然和谐发展。

第四，建设美丽浙江是历史赋予的重要使命。浙江是一个山清水秀、美不胜收的好地方，自古被誉为“丝绸之府、鱼米之乡、文化之邦、旅游胜地”。新中国成立以来，历届浙江省委、省政府团结带领全省人民励精图治、开拓创新，为改善生态环境、推进富民强省作出了不懈努力，取得了显著成效，积累了宝贵经验。今天，历史的重任落到我们肩上，我们一定要守土有责、守土尽责。以对历史和人民负责的精神，不枉祖先守好老祖宗留下的一方绿水青山，不负所托担当中央交付的重任和历届浙江省委、省政府传承的职责，不留遗憾给子孙后代留下最宝贵的绿色遗产，努力把一江清水还给百姓、把绿水青山护得更美、把金山银山做得更大。

第二节　美丽浙江的科学内涵

“美丽浙江”是指在习近平新时代中国特色社会主义思想指引下，特别是在习近平生态文明思想指引下，按照“五位一体”总体布局和“四个全面”战略布局，根据“美丽中国”建设总要求，结合浙江实际和生态建设经验，不断推进浙江生态发展的战略目标，是高水平决胜全面建成小康社会、高水平基本实现社会主义现代化大背景下推进浙江生态文明建设的总抓手。“美丽浙江”建设是“美丽中国”在浙江的具体实践，也是对历届浙江省委提出的建设绿色浙江、生态省、全国生态文明示范区等战略目标的继承和提升。

党的十九大报告将“五位一体”总体目标进一步明确为“富强民主文

明和谐美丽的社会主义现代化强国”①。而此前，党的十八大将生态文明提升到“五位一体”社会主义事业总体布局的高度，报告中明确提出建设“美丽中国”：“建设生态文明，是关系人民福祉、关乎民族未来的长远大计。面对资源约束趋紧、环境污染严重、生态系统退化的严峻形势，必须树立尊重自然、顺应自然、保护自然的生态文明理念，把生态文明建设放在突出地位，融入经济建设、政治建设、文化建设、社会建设各方面和全过程，努力建设美丽中国，实现中华民族永续发展。”②

2014 年，《中共浙江省委关于建设美丽浙江创造美好生活的决定》中提出了“美丽浙江”的概念。“为深入贯彻党的十八大、十八届三中全会和习近平总书记系列重要讲话精神，积极推进建设美丽中国在浙江的实践，加快生态文明制度建设，努力走向社会主义生态文明新时代，作出关于建设美丽浙江、创造美好生活的决定。”③

从实践来看，先有“美丽浙江”，后有“美丽中国”。浙江的生态省、绿色浙江建设，使“美丽浙江”这一概念呼之欲出，浙江改革开放 40 多年来在“美丽浙江”建设方面积累的经验，为“美丽中国”提供了先期探索、基本经验和现实启示，但从上述两份文件中可以看出先有“美丽中国”，后有“美丽浙江”。“美丽浙江”是“美丽中国”在浙江这一省级层面的新目标和新实践，两者是一脉相承的，“美丽中国”“美丽浙江”所代表的内涵、特征和要求是一致的。因此，新时代建设“美丽浙江”就是为“美丽中国”建设做出新贡献。

“美丽浙江”的基本特征在于符合浙江实际的生态美、发展美、人文美、生活美的内在统一，是“美丽中国”的范例。

生态美是“美丽浙江”的基本特征之一。生态文明主要协调人类与自然的关系，自然的生态文明是美丽浙江的基本内涵和根本特征。人是自然的

---

① 习近平：《决胜全面建成小康社会　夺取新时代中国特色社会主义伟大胜利——在中国共产党第十九次全国代表大会上的报告》，人民出版社 2017 年版，第 19 页。

② 胡锦涛：《坚定不移沿着中国特色社会主义道路前进　为全面建成小康社会而奋斗——在中国共产党第十八次全国代表大会上的报告》，人民出版社 2012 年版，第 39 页。

③《中共浙江省委关于建设美丽浙江创造美好生活的决定》（2014 年 5 月 23 日中国共产党浙江省第十三届委员会第五次全体会议通过），浙江在线，2014 年 5 月 29 日。

产物，当然应该受到自然规律支配。虽然人具有很强的主观能动性，但是也不能违背自然规律。[①] 习近平同志强调，生态环境保护是功在当代、利在千秋的事业，要真正下决心把环境污染治理好，把生态环境建设好。所以说，美丽浙江必然是天蓝地绿水清的浙江，必然是山川秀丽、环境优美的浙江；美丽中国必然是天蓝地绿水清的中国，必然是山川秀丽、环境优美的中国。

发展美是建设“美丽浙江”“美丽中国”的物质基础。离开中国经济的健康发展，建设“美丽浙江”“美丽中国”就成了无源之水。但要认识到这种发展是以人为本的发展，是经济建设与生态环境保护相融合的发展，是可持续的发展。要坚决杜绝以高资源消耗和破坏环境来换取一时经济增长的行为，拒绝“黑色”GDP，通过推进经济结构的转型升级走出一条科技含量高、经济效益好、资源消耗低、环境污染少的发展新路。

人文美是指人与文化、人与人之间的关系的和谐之美，是建设“美丽浙江”“美丽中国”的重要支撑和内在推动力。其具体的表现为：公民文明素质提高，社会责任感和生活幸福感增强；社会主义核心价值观逐渐深入人心，绿色发展、生态文明逐渐成为全社会的共同生活理念；文化产品更加丰富，公共文化服务体系基本建成，群众享有充分的人文关怀和全方位的文化熏陶。

生活美是“美丽浙江”“美丽中国”的落脚点和归宿，包含两个方面的内容：一方面是良好的人居环境，包括优秀的城市品质、整洁的居住环境、完善的基础设施、畅通的交通服务、方便的城市服务等；另一方面是社会之美，体现为各种积极肯定的生活形象和审美形态。习近平总书记将其概括为“更好的教育、更稳定的工作、更满意的收入、更可靠的社会保证、更高水平的医疗卫生服务、更舒适的居住条件、更好的环境”[②]。

第三节　美丽浙江的理论基石

中国生态文明思想源远流长，人与自然、社会发展与自然生态系统保护

---

① 李建华、蔡尚伟：《“美丽中国”的科学内涵及其战略意义》，《四川大学学报》（哲学社会科学版）2013 年第 5 期。

② 《深刻把握美丽中国的科学内涵》，《政策瞭望》2014 年第 5 期。

的关系问题，自古以来就为我们的祖先所关注，历史上中国大多数思想家认同将人与自然的关系定位在一种积极的和谐关系上，不主张片面征服自然。一百多年前，马克思、恩格斯前瞻性地提出了生态文明思想，他们认为，人和自然的关系是辩证统一的，人类活动应该遵循自然规律，劳动生产率是同自然条件相联系的，生态结构是社会结构的组成部分，等等。我们党的生态文明思想是在中国社会主义现代化建设实践中萌芽和成熟的，它的形成是从不重视生态问题，到确立环保为基本国策，到确立可持续发展战略，再到提出人与自然和谐发展，建设资源节约型、环境友好型社会，最终在党的十七大报告中首次提出建设生态文明的历史过程。生态文明建设是中国特色社会主义事业的重要内容，关系人民福祉，关乎民族未来，事关"两个一百年"奋斗目标和中华民族伟大复兴中国梦的实现。党中央、国务院高度重视生态文明建设，先后出台了一系列重大决策部署，推动生态文明建设取得了重大进展和积极成效。

2012 年 11 月，党的十八大从新的历史起点出发，做出"大力推进生态文明建设"的战略决策，从 10 个方面描绘出生态文明建设的宏伟蓝图。十八大报告不仅在第一部分、第二部分、第三部分分别论述了生态文明建设的重大成就、重要地位、重要目标，而且以整个第八部分的宏大篇幅，全面深刻论述了生态文明建设的各方面内容，从而完整描绘了未来相当长一个时期我国生态文明建设的宏伟蓝图。我们要深入学习领会、认真贯彻落实，为实现社会主义现代化和中华民族伟大复兴而努力奋斗。2015 年 5 月 5 日，《中共中央 国务院关于加快推进生态文明建设的意见》发布。同年 9 月，中央政治局会议审议通过《生态文明体制改革总体方案》。同年 10 月，随着十八届五中全会的召开，增强生态文明建设首度被写入国家"十三五"规划。

习近平同志主政浙江期间，高度重视生态文明建设，提出了许多重要思想。党的十八大以来，习近平总书记对美丽中国建设提出了一系列新思想、新论断、新要求，系统论述了加强生态文明建设的重大意义、指导思想、方针原则和目标任务，形成了习近平生态文明思想，丰富与发展了中国特色社会主义生态建设理论。这些重要论述体现了马克思主义唯物辩证法和生态观的思想精髓，蕴含了尊重自然规律、追求人与自然和谐相处的智慧精华，彰显了心系民生、造福百姓的深厚情怀，标志着我们党对中国特色社会主义规律的认识达到一个新高度，为走向社会主义生态文明新时代指明了前进方向。

习近平总书记强调，人民对美好生活的向往，就是我们的奋斗目标。我们的人民热爱生活，期盼有更好的教育、更稳定的工作、更满意的收入、更可靠的社会保障、更高水平的医疗卫生服务、更舒适的居住条件、更优美的环境，期盼孩子们能成长得更好、工作得更好、生活得更好。中国共产党在中国执政就是要带领人民把国家建设得更好，让人民生活得更好。中国梦归根到底是人民的梦，必须紧紧依靠人民来实现，必须不断为人民造福。他还强调，走向生态文明新时代，建设美丽中国，是实现中华民族伟大复兴的中国梦的重要内容。必须把生态文明建设纳入中国特色社会主义事业“五位一体”总体布局，大力推进生态文明建设，努力建设美丽中国，实现中华民族永续发展。习近平总书记提出的目标，是统领全局、事关长远的宏伟目标，既高屋建瓴、意义深远，又朴实无华、贴近群众，深刻揭示了建设美丽中国与创造美好生活辩证统一、互促共进的逻辑关系，指明了中华民族的历史责任和当代中国的发展走向。

习近平总书记强调的“两个清醒”为我们敲响了警钟、发人深省。习近平总书记强调，要清醒认识保护生态环境、治理环境污染的紧迫性和艰巨性，清醒认识加强生态文明建设的重要性和必要性。环境问题是重大民生问题，发展下去也必然是重大政治问题。那种要钱不要命的发展，那种先污染后治理、先破坏后恢复的发展，再也不能继续下去了。环境保护和生态建设，早抓事半功倍，晚抓事倍功半，越晚越被动。习近平总书记提出的“两个清醒”认识，令人警醒、发人深省，深刻揭示了当前我国生态环境问题的严峻性和推进生态文明建设的紧迫性，充分体现了生态文明的中国觉醒、中国自觉、中国担当。

习近平总书记的“绿水青山就是金山银山”理念精辟深刻。习近平总书记强调，我们既要绿水青山，也要金山银山。宁要绿水青山，不要金山银山，而且绿水青山就是金山银山。绿水青山可带来金山银山，但金山银山买不来绿水青山。如果能够把生态环境优势转化为生态农业、生态工业、生态旅游等生态经济优势，那么绿水青山也就变成了金山银山。习近平总书记的科学论断，生动形象、比喻贴切，深刻揭示了经济发展与环境保护的辩证关系，彰显了保护生态环境就是保护生产力、改善生态环境就是发展生产力的理念，标志着坚持科学发展、实现永续发展的理念提升和观念创新。

习近平总书记突出的“两大统筹”系统科学。习近平总书记强调，山水林田湖是一个生命共同体，人的命脉在田，田的命脉在水，水的命脉在山，山的命脉在土，土的命脉在树。要用系统论的思想方法看问题，生态系统是一个有机的生命躯体，应统筹治水与治山、治水与治林、治水与治田、治山与治林等。他还强调，要按照人口资源环境相均衡、经济社会生态效益相统一的原则，整体谋划国土空间开发，统筹人口分布、经济布局、国土利用、生态环境保护，科学布局生产空间、生活空间、生态空间。习近平总书记提出的“两大统筹”，蕴含着中华文化关于尊重自然的深邃智慧和马克思主义关于事物普遍联系的科学原理，指明了推进生态文明建设的方法和路径。

习近平总书记告诫的“两个依靠”纲举目张。习近平总书记强调，保护生态环境必须依靠制度、依靠法治，只有实行最严格的制度、最严密的法治，才能为生态文明建设提供可靠保障。必须注重从体制上化解环境矛盾，注重运用市场机制和法律手段治理污染。最重要的是要完善经济社会发展考核评价体系，把资源消耗、环境损害、生态效益等体现生态文明建设状况的指标纳入经济社会发展评价体系，使之成为推进生态文明建设的重要导向和约束，再也不能简单地以国内生产总值增长率来论英雄了。建立责任追究制度，对那些不顾生态环境盲目决策、造成严重后果的人，必须追究其责任，而且应该终身追究。习近平总书记提出的“两个依靠”，充分体现了制度保障和法治保障的根本作用，切中了生态文明建设的要害。

党的十八大以来，以习近平同志为核心的党中央站在战略和全局的高度，对生态文明建设和生态环境保护提出一系列新思想新论断新要求，为努力建设美丽浙江、建设美丽中国，实现中华民族永续发展，走向社会主义生态文明新时代，指明了前进方向和实现路径。

第四节 美丽浙江的战略作用

“美丽浙江”的战略作用，就是贯彻习近平新时代中国特色社会主义思想，特别是贯彻习近平生态文明思想，满足广大人民群众对美丽环境和美好生活的期待和需求，建设美丽家园与和谐生态，打造全国生态文明示范区和美丽中国先行区，努力实现人与自然和谐发展。

人与自然是生命共同体，人类必须尊重自然、顺应自然、保护自然。人类只有遵循自然规律才能有效防止在开发利用自然上走弯路，人类对大自然的伤害最终会伤及人类自身，这是无法抗拒的规律。

“我们要建设的现代化是人与自然和谐共生的现代化，既要创造更多物质财富和精神财富以满足人民日益增长的美好生活需要，也要提供更多优质生态产品以满足人民日益增长的优美生态环境需要。必须坚持以节约优先、保护优先、自然恢复为主的方针，形成节约资源和保护环境的空间格局、产业结构、生产方式、生活方式，还自然以宁静、和谐、美丽。”①

建设“美丽浙江”是贯彻落实习近平新时代中国特色社会主义思想特别是习近平生态文明思想的重大举措，顺应时代发展新要求和人民群众新期待，是“中国梦”和“美丽中国”在浙江的生动实践。我们要全面准确把握建设“美丽浙江”的重大意义、指导原则、目标任务和工作举措，加快建设全国生态文明示范区和“美丽中国”先行区，努力实现人的全面发展。

我们要在提升生态环境质量上更进一步、更快一步，努力建设美丽浙江。“确保不把违法建筑、污泥浊水、脏乱差环境带入全面小康。巩固提升剿灭劣Ⅴ类水成果，全省饮用水源地水质和跨行政区域河流交接断面水质力争实现双达标，城市空气质量优良天数比例继续提高，垃圾分类收集处理实现基本覆盖，城市生活垃圾总量实现‘零增长’，全省天更蓝、地更净、水更清、空气更清新、城乡更美丽。”②

坚持经济转型升级，发展绿色循环经济。需要进一步调整产业结构，淘汰落后产能，促进高新产业和环保产业的发展，提高产业的产出效率。切实加强资源能源节约，加快推动资源利用方式根本转变，加强节约型社会建设。加快淘汰高能耗、高排放落后产能，积极发展太阳能、风能等新能源和

① 习近平：《决胜全面建成小康社会　夺取新时代中国特色社会主义伟大胜利——在中国共产党第十九次全国代表大会上的报告》，人民出版社2017年版，第50页。

② 车俊：《坚定不移沿着“八八战略”指引的路子走下去　高水平谱写实现“两个一百年”奋斗目标的浙江篇章——在中国共产党浙江省第十四次代表大会上的报告》，《浙江日报》2017年6月19日。

可再生能源。严格实施用水总量管理，加快建设节水型社会。大力推进循环经济发展，积极推进园区循环化改造，全面提高再生资源综合利用水平。加快建立和推广现代生态循环农业模式，大力发展无公害农产品、绿色食品和有机产品。发展现代林业经济，带动山区林农增收致富。推进工业园区生态化改造，全面推行清洁生产审核。鼓励企业开发绿色低碳产品，制定和实施绿色采购消费政策。积极构建以低能耗、低污染、低排放为基础的低碳经济发展模式。

坚持推进环境综合治理。抓“五水共治”让水更清。把“五水共治”作为重大战略常抓不懈，形成规划指导、项目跟进、资金配套、监理到位、考核引导、科技支撑、规章约束、指挥统一的保障机制。坚持“五水共治”、治污先行，重点整治垃圾河、黑河、臭河，近期实现城镇截污纳管基本覆盖，农村污水处理、生活垃圾集中处理基本覆盖。防洪水、排涝水、保供水、抓节水要齐抓共治、协调并进。实行最严格的水环境监管制度，全面落实“河长制”，动员全社会力量参与水环境治理，构建良好水生态系统。

抓雾霾治理让天更蓝。全面巩固《浙江省大气污染防治行动计划（2013—2017年）》的成果，切实改善环境空气质量。严格控制煤炭消费总量，大力推进“煤改气”工作，加强高污染燃料禁燃区建设。建立健全重污染天气监测、预警和应急响应体系，积极参与长三角地区治气降霾联防联控，不断完善大气污染区域联防联控机制。

抓土壤净化让地更净。强化土壤环境保护和综合治理。全面开展土壤污染防治行动和土壤修复工程，深化重金属、持久性有机污染物综合防治，建立覆盖危险废物和污泥产生、贮存、转运及处置的全过程监管体系。严格控制新增土壤污染，明确土壤环境保护优先区域，实行严格的土壤保护制度。①

弘扬具有浙江特色的人文精神。传承优秀传统文化。注重挖掘浙江传统文化中的生态理念和生态思想，抓好非物质文化遗产保护传承与利用，丰富民间民俗特色文化活动载体，传承乡愁记忆，延续历史文脉。发现和培养扎根基层的乡土文化能人、民族民间文化传承人。开展优秀传统文化教育普及

① 《中共浙江省委关于建设美丽浙江 创造美好生活的决定》，《浙江日报》2014年5月29日。

活动，积极打造文化精品，促进传统文化现代化。

不断提升公民人文素养。积极培育和践行社会主义核心价值观，倡导“务实、守信、崇学、向善”的当代浙江人共同价值观。大力宣传建设美丽浙江、创造美好生活的“最美景观”“最美人物”“最美现象”，促进“最美”由“盆景”变为“风景”，进而成为风尚，不断焕发社会正能量。

积极培育生态文化。大力弘扬尊重自然、顺应自然、保护自然的理念，积极借鉴发达国家注重生态文明的先进理念、有效做法和具体制度，强化全社会的生态伦理、生态道德、生态价值意识，形成政府、企业、公众互动的社会行动体系。积极开展生态文化重大理论和应用研究，繁荣“两美”（建设美丽浙江、创造美好生活）主题文艺创作，着力构建包括学校、社区、家庭、企业和社会公益教育体系等在内的生态文明教育网络体系。

第五节　美丽浙江的辩证关系

浙江，“七山一水二分田”，许多地方“绿水逶迤去，青山相向开”，绿水青山是大自然对浙江的珍贵赐予，是浙江得天独厚的资源禀赋，浙江拥有良好的生态优势。十多年来，浙江坚持“绿水青山就是金山银山”的发展理念，历届省委一任接着一任抓，从创建生态省、打造绿色浙江到建设生态浙江、美丽浙江，走出了一条可持续发展之路。“美丽浙江”建设是富强浙江、法治浙江、文化浙江、平安浙江、清廉浙江建设成果的集中体现。

首先，“美丽浙江”与其他“五个浙江”是一个统一的整体。“美丽浙江”的实现需要其他“五个浙江”的支持。“美丽浙江”的实现离不开雄厚的经济实力。“富强浙江”的目标是提升综合实力和质量效益上更进一步、更快一步，突出高质量高效益，确保经济持续健康发展。这与“美丽浙江”的建设需求相一致，为建设“美丽浙江”奠定了良好的物质基础。

实现“美丽浙江”，保护生态环境，要依靠法治，依靠严格执法。而通过建设“法治浙江”能够实现法治监督更加有效，执法更加公正规范，司法质量、效率和公信力显著提升，省级党内法规制度体系基本形成，各级领导干部运用法治思维和法治方式推动工作的能力不断提高。这些都符合建设“美丽浙江”的需求。

建设“美丽浙江”需要公众参与，需要人们自觉保护生态环境。因此需要大力宣传生态保护的理念，使得生态文明观念深入人心，需要公众素质的不断提高。而这些工作也是“文化浙江”建设的目标要求。

“美丽浙江”的建设目的是实现人的生活之美，落脚点是人的幸福感受。更稳定的工作、更满意的收入、更舒适的居住条件、更安全的生活环境等“平安浙江”的建设目标都是这种感受的具体体现，与“美丽浙江”的建设目标相一致。

“美丽浙江”的实现会遇到重重的困难，需要一支有战斗力的队伍，需要强有力的组织保障。通过建设“清廉浙江”，全面加强党的思想、组织、作风、反腐倡廉和制度建设，党内政治生活更加规范化、常态化，进一步形成党员模范带头、干部清正廉洁、社会风清气正的良好局面，能够有效构建有战斗力、有组织能力的队伍，推动“美丽浙江”建设目标的实现。

其次，“美丽浙江”是其他“五个浙江”建设目标成果的集中体现。“美丽浙江”有着多层次的含义，不仅仅指美丽的生态环境。从上文对“美丽”的多层次解读可以看到，“富强浙江”与发展美相对应，“文化浙江”与人文美相对应，“法治浙江”和“平安浙江”与生活美相对应。这些目标和成果的实现离不开党的领导，离不开强有力的党组织，这与“清廉浙江”的建设目标相一致。“清廉浙江”为建设“美丽浙江”提供了组织保证。

第　二　章

美丽浙江的总体目标和战略构想

美丽中国是生态文明的形象代言。2012 年 11 月召开的党的十八大，首次把“美丽中国”作为生态文明建设的宏伟目标写进了十八大报告。党的十九大报告指出：“必须树立和践行绿水青山就是金山银山的理念……坚定走生产发展、生活富裕、生态良好的文明发展道路，建设美丽中国，为人民创造良好生产生活环境，为全球生态安全作出贡献。”① 浙江省第十四次党代会报告指出：“在提升生态环境质量上更进一步、更快一步，努力建设美丽浙江……全省天更蓝、地更净、水更清、空气更清新、城乡更美丽。”② 浙江省委十四届二次全会进一步提出，“牢固树立和深入践行绿水青山就是金山银山的理念，把生态文明建设作为千年大计，制定实施优美环境行动计划，积极创建国家可持续发展议程创新示范区，建设美丽中国示范区”③。因此，建设美丽浙江必须以“八八战略”实施 15 周年为新起点，以建设“诗画浙江”大花园为目标导向，全面实施生态文明示范创建行动计划，高标准推进生态文明建设，高质量建设美丽中国示范区。

---

① 习近平：《决胜全面建成小康社会　夺取新时代中国特色社会主义伟大胜利——在中国共产党第十九次全国代表大会上的报告》，人民出版社 2017 年版，第 23～24 页。

② 车俊：《坚定不移沿着“八八战略”指引的路子走下去　高水平谱写实现“两个一百年”奋斗目标的浙江篇章——在中国共产党浙江省第十四次代表大会上的报告》，《浙江日报》2017 年 6 月 19 日。

③ 《中共浙江省委关于高举习近平新时代中国特色社会主义思想伟大旗帜　奋力推进“两个高水平”建设的决定》，《浙江日报》2017 年 11 月 14 日。

第一节 美丽浙江的总体目标

浙江省委、省政府历来高度重视生态文明建设，坚持一张蓝图绘到底，一以贯之抓推进，实现了从“绿色浙江”到“生态浙江”，再到“美丽浙江”的拓展和升华。但是，浙江的生态文明建设和生态环境保护工作依然存在不少薄弱环节，生态环境依然是实现“两个高水平”目标必须补齐的突出短板。当前，生态文明建设正处于压力叠加、负重前行的关键期，进入提供更多优质生态产品来满足人民日益增长的优美生态环境需要的攻坚期，也到了有条件、有能力解决生态环境突出问题的窗口期。为此，浙江必须高标准推进生态文明建设，高质量建设美丽浙江，加快建设美丽中国示范区。

美丽浙江的呈现形态是大花园。大花园是浙江自然环境的底色、浙江高质量发展的底色、浙江人民幸福生活的底色。[①] 从生态看，浙江有山有水、有江有海、有河有湖、有岛有滩、有林有田，本身就是个大花园。浙东一片，海天佛国，文明之源，亦可觅唐诗之踪；浙南一片，北接括苍、东临大海，以奇山异水、飞瀑流泉著称海内；浙西一片，集天地之灵气，聚山川之精华；浙北一片，是鱼米之乡、丝茶之府，以水乡古镇、小桥流水名传四海；浙中一片，八婺大地、东南邹鲁，钟灵毓秀、文化璀璨。绿水青山、蓝天白云是浙江自然环境的独特标志，这也是浙江建设大花园的生态基础。从生产看，绿色发展是全方位的变革，是构建高质量现代化经济体系的必然要求。浙江建设大花园，是实现绿色发展方式、推动高质量发展的重大举措，要让绿色成为高质量发展的普遍形态，让绿色经济成为浙江经济新的增长点，让绿色发展成为全省人民的自觉行动。从生活看，美丽的大花园，不仅是自然环境的底色，更是美好生活的基础、人民群众的期盼。浙江建设大花园，是实现绿色生活方式、创造高品质生活的重要载体，目的是不断满足人民日益增长的美好生活需要，努力让全省人民在大花园中幸福生活。因此，大花园是自然生态与人文环境的结合体、现代都市与田园乡村的融合体、历

---

① 袁家军：《全面实施大花园建设行动计划推动高质量发展 创造高品质生活——在全省大花园建设工作动员部署会上的讲话》（2018 年 6 月 14 日）。

史文化与现代文明的交汇体，彰显生态环境之美、产业绿色之美、人文韵味之美、生活幸福之美和创新活力之美，是浙江统筹保护与开发、推进绿色发展、实现“两个高水平”的新载体，是建设美丽浙江、创建美丽中国示范区的落脚点。

从指导思想来看，建设美丽浙江要以习近平新时代中国特色社会主义思想为指导，深入贯彻党的十九大精神，自觉践行“绿水青山就是金山银山”的理念，以“八八战略”为总纲，围绕实现“两个高水平”和满足人民日益增长的美好生活需要，着力解决好发展不平衡不充分问题，全面落实美丽中国和乡村振兴、区域协调发展战略，以美丽建设为载体，以平台项目为支撑，以改革创新为驱动，全面推进绿色发展，强化环境污染治理，加大生态系统保护力度，改革生态环境监管体制，把全省建设成为生态环境优美、绿色经济发达、人民生活幸福、社会公平正义的大花园，形成“一户一处景、一村一幅画、一镇一天地、一城一风光”的全域大美格局。

从目标来看，到2022年，生态环境质量保持领先，山水与城乡融为一体、自然与文化相得益彰，人居环境精致和谐，生态经济不断壮大，发展活力持续增强，公民素养全面提升，将全省打造成美丽中国鲜活样板。到2035年，高质量建成美丽中国先行示范区。①

（1）环境质量引领区。统筹推进山水林田湖草系统治理，着力解决突出环境问题，高标准打赢污染防治攻坚战；切实加大生态系统保护力度，深化生态环境监管体制改革，使各项生态环境建设指标处于全国前列，自然生态系统稳定性有效提升，生态保护红线得以严守，生态文明建设政策制度体系基本完善。

（2）绿色发展高地。绿色低碳循环发展的经济体系全面建立，绿色生产消费的体制机制、政策体系基本形成，生态产品价值实现机制初步确立，绿色金融、节能环保、清洁生产、清洁能源等绿色产业加快发展，节能降耗、循环利用等绿色技术加快应用，绿色经济成为富民强省的有力支撑。绿色产业发展、资源利用效率、清洁能源利用水平等位居全国前列，八大万亿产业年均递增10%以上。

① 参见《浙江省大湾区大花园大通道建设行动计划》（2018年5月）。

（3）健康养生福地。生态文明理念深入人心，环境质量持续优化，生态系统的多样性、稳定性和服务功能不断提升，人民群众对绿色安全农产品、健康养老服务、文化、运动休闲等的需求全面有效满足，优秀文化和传统习俗得到传承复兴，青山碧海养眼、蓝天清风养肺、净水美食养胃、崇文尚学养脑、文化艺术养心的康养福地全面建成。生态环境状况指数稳居全国前列，主要健康指标达到高收入国家水平，广大群众的获得感、幸福感、安全感全面提升。

（4）全域旅游目的地。美丽城乡建设全面推进，全域旅游示范省成功创建，旅游核心竞争力明显增强，品牌体系和精品旅游产品更加丰富，旅游国际化、现代化水平显著提高，全面建成“诗画浙江”最佳旅游目的地。旅游产业总产出超过 1.6 万亿元，旅游业增加值占地区生产总值比重达到 8% 以上，旅游入境人数和外汇收入年均增长均达 10% 以上。

到 2035 年，绿色发展的空间格局、产业结构、生产方式、生活方式全面形成，资源利用效率世界领先，天蓝地绿水清的优美生态环境成为常态，生态文明高度发达，城乡居民普遍拥有较高的收入、富裕的生活、健全的基本公共服务，享有更加幸福安康的生活，人口预期寿命达到国际先进水平，开创人与自然和谐共生新境界，建成绿色美丽和谐幸福的现代化大花园。

第二节 美丽浙江的战略构想

美丽浙江的总体目标是建设美丽中国示范区，为早日达成这个目标，应着力做好以下“四美”。

一 绿色发展之美

绿色发展是打开“绿水青山就是金山银山”转化通道的金钥匙，也是美丽浙江建设的核心。“八八战略”实施以来，浙江大力推进生态经济发展，产业结构不断优化，三次产业比从 2002 年的 8.6∶51.1∶40.3 调整为 2019 年的 3.4∶42.6∶54.0。环境友好型产业蓬勃发展，2019 年，以新产业、新业态、新模式为特征的“三新”经济增加值占 GDP 比重达到 25.7%；全省旅游总收入 10911 亿元，比上年增长 9%，占 GDP 比重约 8%。下一步，绿色发展要按照习近平同志“生态产业化、产业生态化”的新要求，大力发展生态农业、生态工业和生态服务业，推动自然资本和城市乡村大幅增值，使美丽风景变成美丽经济，化绿水青山为金山银山。

1. 深入推进产业转型升级

坚持“三去一降一补”，坚决打破拖累转型升级的“坛坛罐罐”，以钢铁、水泥、化纤、印染、化工、制革、砖瓦等行业为重点，加快淘汰高耗能重污染行业落后产能。深化“腾笼换鸟”，通过提标改造、兼并重组、集聚搬迁等方式，加快城市主城区内钢铁、石化、化工、有色金属冶炼、水泥、平板玻璃等重污染企业的搬迁改造，推动传统产业向园区集聚集约发展。深化“亩均论英雄”改革，推进产业和区域综合评价。全面开展“散乱污”“低小散”企业清理整治，建立管理台账，实施分类处置。

2. 着力推动绿色产业发展

（1）增强绿色安全农产品供给。优化农业空间布局，深化现代生态循环农业建设，高标准推进粮食生产功能区和现代农业园区建设，加快建设国家农业可持续发展试验区和农业绿色发展试点先行区，使浙江良田成为无公害、绿色、有机农产品的生产基地。着力推进茶叶、香菇、笋竹、木本油料、高山蔬菜、中药材、海产品等特色优势产业及林下经济发展，加大农产品精深加工力度。完善“三衢味”“丽水山耕”等区域性公用农产品品牌标准、认证、标识以及全程追溯监管体系，推动农产品转化为旅游商品。积极推进农村电子商务，建立服务全国的农产品销售体系，打造长三角绿色农产品基地和食品安全示范基地。

（2）推动制造业绿色化发展。积极培育战略性新兴产业和高新技术产业，着力壮大节能环保产业，打造集研发、设计、制造、服务“四位一体”的节能环保产业体系。大力发展清洁能源等环境友好型产业，加强新技术、新工艺应用，加快制造业企业向各类园区集聚，全面推动园区循环化改造。着力推进衢州山海协作“区中园”、新能源新材料产业基地、丽水万洋低碳智造小镇、华东绿色能源基地等平台以及宁杭生态经济发展带建设。

（3）大力发展现代服务业，提升发展绿色金融、物流、文化创意、信息、会展等生产性服务业，支持发展旅游、健康等生活性服务业，健全旅游产业链。大力发展中医药保健、健康养生、休闲养老等大健康产业，重点推进五龙湖运动休闲全产业链综合体、华东药用植物园、中医针灸传承创新园、丽水医养结合产业园等项目建设，大力发展运动休闲、文化创意等产业，做优做精农家乐、民宿等美丽产业。

3. 强化资源节约和循环利用

实施新一轮循环经济“991”行动计划，加快推进循环化改造示范试点。全面推进重点领域和重点用能企业的节能管理，实行最严格的节约集约用地制度。落实最严格水资源管理制度，实施水资源消耗总量和强度“双控”行动，严守水资源管控红线。实施国家节水行动，全面推进县域节水型社会达标建设，抓好工业节水、农业节水、城镇节水。创新“互联网+”再生资源回收利用模式，加快产业废弃物综合利用。到2020年，全省煤炭消费总量控制在1.31亿吨以下，天然气消费总量达到160亿立方米，设区城市、农村生活垃圾分类覆盖面分别达到90%、80%以上，农村卫生厕所普及率达到100%。到2022年，全省煤炭消费总量进一步下降，天然气消费总量达到180亿立方米，年用水总量和城市生活垃圾总量实现零增长，城乡生活垃圾分类基本实现全覆盖，城乡生活垃圾回收利用率达到60%以上、资源化利用率基本达到100%。

4. 推动形成绿色生活方式

倡导简约适度、绿色低碳的生活理念，推行绿色消费，反对奢侈浪费和不合理消费。积极开展建设节约型机关、绿色家庭、绿色学校、绿色社区等行动。营造良好绿色出行环境，鼓励以公共交通、自行车、步行等方式绿色出行。全面推广政府绿色采购，建立健全绿色供应链。

二 生态质量之美

“生态兴则文明兴，生态衰则文明衰。”生态质量是美丽浙江的最基本要求。浙江在经济总量不断扩大的同时，水、大气等环境质量明显好转。2017

年全面消除劣Ⅴ类水质。全省地表水Ⅰ~Ⅲ类的省控断面比例从2012年的64.3%上升到2019年的91.4%，平原河网水质大幅改善。“大气十条”考核连续5年优秀。全省森林覆盖率达61.15%，下一步，生态环境建设必须坚决打赢污染防治攻坚战，坚决抓好中央环保督察整改工作，持续提升生态环境质量。

1. 坚决打赢蓝天保卫战

目标是到2020年，全省设区城市细颗粒物（PM2.5）平均浓度力争达到35微克/立方米，基本消除重点区域臭气异味，60%的县级以上城市建成清新空气示范区；到2022年，全省空气质量稳步改善，力争80%的县级以上城市建成清新空气示范区。到2035年，全省域建成清新空气示范区。具体举措有以下五个方面。

（1）制定实施工业废气清洁排放标准，实施挥发性有机物（VOCs）治理专项行动，全面开展工业园区、重点工业企业和钢铁、水泥、平板玻璃、石化、化工、工业涂装、合成革、纺织印染、橡胶和塑料制品、包装印刷10个重点行业废气深化治理，建立完善一厂一策一档制度，加强无组织排放管理。到2020年，燃煤发电和热电机组烟气排放稳定达到超低排放标准，钢铁企业、水泥制造企业（含独立粉磨站）废气排放达到国家标准特别排放限值要求，重点行业VOCs排放量下降30%以上；到2022年，工业园区、重点行业、重点企业废气治理水平明显提升。[①]

（2）积极推进能源结构调整优化。浙江是能源消耗大省、能源资源小省，一次能源对外依存度达90%以上。浙江省以煤为主的能源结构，污染物排放严重，雾霾已经严重危害人民群众的身心健康。为此，必须大力发展清洁能源，着力提高天然气利用水平，加快城镇配气管网建设，基本实现天然气县县通，加快推进可再生能源利用。推动能源和消费总量“双控”目标完成。严格控制煤炭消费总量，实施煤炭减量替代。严格执行国家关于燃煤设施新批项目的准入规定。加大燃煤锅炉淘汰力度，到2020年，全省全面淘汰10蒸吨/小时以下燃煤锅炉，设区市建成区基本淘汰35蒸吨/小时以下燃煤锅炉。全面淘汰一段式固定煤气发生炉。

---

① 参见《浙江省生态文明示范创建行动计划》（2018年5月）。

（3）推进交通运输结构调整。优化车船能源消费结构，积极发展清洁能源和新能源车船。到2020年，新增及更新城市公交车中新能源车辆比例达到90%以上，建成充电（加气）站1000座、充电桩21万个。优化运力结构，积极提高铁路、水路货运比例。推进老旧车船和老旧农机淘汰，加强机动车船污染排放控制，开展柴油货车超标排放专项治理。提升燃油品质，争取在“十三五”中后期先于全国全面实施国六标准车用汽柴油。推进船舶排放控制区建设，推进内河船型标准化，严格落实船舶靠岸使用岸电或低硫燃油的要求。

（4）推进重点领域臭气异味治理。加强工业臭气异味治理，建立臭气异味企业清单。加强垃圾、生活废物臭气处理，提升垃圾、污水处理设施等的治理恶臭水平。严格控制餐饮油烟，加大超标排放处罚力度。加强秸秆综合利用，禁止农作物秸秆、垃圾等露天焚烧。建立健全施工场地扬尘管理机制，大力实施装配式建筑，强化道路扬尘治理。到2020年，涉气重复信访投诉量明显下降；到2022年，巩固臭气异味治理成果，人民群众满意度明显提升。

（5）强化区域联防联控和重污染天气应对。完善长三角大气区域污染防治协作机制，加强与周边省市的大气污染联防联控。做好世界互联网大会、2022年杭州亚运会等重大活动空气质量保障工作。强化重污染天气预警和应对，完善全省监测预报共享平台，严格落实各项应急措施。

2. 深入实施“五水共治”碧水行动

目标是到2020年，省控断面达到或优于Ⅲ类水质比例达到83%，彻底消除劣Ⅴ类水体，Ⅴ类水质断面大幅减少；到2022年，省控断面达到或优于Ⅲ类水质比例达到85%，全省县级以上饮用水水源地水质和跨行政区域河流交接断面水质力争实现100%达标；到2035年，省控断面达到或优于Ⅲ类水质比例达到100%。[①] 具体举措为以下五个方面。

（1）开展“污水零直排区”建设。建设工业集聚区（工业企业）“污水零直排区”，所有企业实现雨污分流，工业企业废水经处理后纳管或达标

① 参见《浙江省生态文明示范创建行动计划》（2018年5月）。

排放，工业园区具备完备的雨污水收集处理系统。建设城镇生活小区“污水零直排区”，城镇生活小区、城中村、建制镇建成区深入开展城镇雨污分流改造，做到能分则分、难分必截。到2022年，力争80%以上的县（市、区）建成“污水零直排区”。

（2）推进污水处理厂清洁排放。制定和实施污水处理厂清洁排放标准，加大污水处理设施配套管网建设力度，逐步形成收集、处理和排放相互配套、协调高效的城镇污水处理系统。加强中水回用，推进污水再生水利用。到2022年，在不能稳定达标的省控断面和跨行政区域河流交接断面汇水区域内，以及在环境容量超载地区内的日处理规模1万吨以上的现有城镇污水处理厂，排放达到污水处理厂清洁排放标准；设市城市污水处理率达到95%以上，县城达到94%以上，建制镇达到72%以上；全省设区城市再生水利用率达到18%。

（3）推进水环境质量持续提升。深入实施流域控制单元水质达标（保持、稳定）方案，严格水环境功能区质量目标管理，加强交接断面水质保护。完善全省水功能区监督管理制度，完成水功能区纳污能力和限制排污总量修订，加强新建、改建或扩大入河排污口设置审核和规范化建设。全面开展“美丽河湖”建设，科学开展河湖库塘清淤，全域改善水生态。到2022年，全省建成“美丽河湖”500条（个）。

（4）深入推进近岸海域污染防治。强化直排海污染源监管，实现废水稳定达标排放。加强入海排污口清理整治，全面清理非法设置与设置不合理的排污口，力争到2020年，现有入海排污口减少至160个。加强入海河流治理，对主要入海河流和入海溪闸实行总氮、总磷排放总量控制。加强港口和船舶污染控制，船舶集中停泊区域按规范配置船舶含油污水、垃圾的接收存储设施，建立和完善船舶污染物接收、转运、处置监管联单制度和联合监管制度。控制海岸和海上作业污染风险，健全海洋环境风险应急处置体系，切实提高油品、危险化学品泄漏事故应急处置能力。

（5）强化农业农村水污染防治。加强畜禽养殖业污染控制，全面推进排泄物定点、定量、定时农牧对接、生态消纳或工业化处理达标排放。精准推进化肥农药减量增效，实现化学农药使用量零增长、化肥使用量稳中有降。加快推进水产养殖绿色发展，制定和实施养殖水域滩涂规划，依法落实管控措施。全面推进水产养殖尾水治理，到2022年，完成规模以上设施化养殖场尾水治理，实现达标排放或循环使用。全面推进农村生活污水处理，加强处理设施规范化管理、标准化运维，提升运维管理水平。到2020年，农村生活污水治理行政村覆盖率达到90%，日处理能力在30吨以上的处理设施基本实现标准化运维。

3. 全面推进净土行动

目标是到2020年，全省土壤污染加重趋势得到初步遏制，农用地和建设用地土壤环境安全得到保障，土壤环境风险得到管控，污染地块安全利用率和受污染耕地安全利用率分别达到90%和91%；到2022年，土壤环境质量稳中向好，污染地块安全利用率和受污染耕地安全利用率均达到92%以上。到2035年，全省土壤环境质量全面改善。具体举措有以下四个方面。

（1）开展土壤环境质量调查。加快推进土壤污染状况详查，查明农用地（以耕地为主）土壤污染面积、分布及其对农产品质量的影响，掌握化工（含制药、焦化、石油加工等）、印染、制革、电镀、造纸、铅蓄电池制造、有色金属矿采选、有色金属冶炼八个重点行业生产企业用地和关停企业原址中的污染地块分布及其环境风险情况。完善土壤环境监测网络，基本建成覆盖全省耕地的土壤环境监测网络，土壤环境风险监测点位基本覆盖全省重点工业园区（产业集聚区）。

（2）加强土壤污染源头管控。对农用地土壤环境存在污染的工业企业，依法督促其限期落实阻断污染物扩散途径、削减污染物排放总量、淘汰产生污染物的生产工序、实施关停搬迁等环境风险管控措施。排查发现农用地灌溉水污染超标或农药化肥残留超标的，水利、农业部门要依法及时采取措施。深化重金属污染综合防治，到2020年，全省重点行业重点重金属污染物排放量较2013年下降10%以上。

（3）推进农用地安全利用和治理修复。落实国家农用地土壤环境质量类别划定要求，划定全省优先保护类耕地、安全利用类耕地和严格管控类耕地范围，将优先保护类耕地纳入永久基本农田示范区，实行严格保护。分类实施受污染耕地的安全利用、用途管控和治理修复，推广应用生物治理、种植品种调整、栽培措施优化、土壤环境改良等技术，完成国家下达的轻中度污染耕地安全利用、轻中度污染耕地治理修复和重度污染耕地用途管控任务。

（4）加强污染地块风险管控和治理修复。推进八个重点行业中关停、搬迁和淘汰等企业原址用地土壤环境调查评估，确定污染地块环境风险等级，形成动态更新的全省污染地块名录，制定实施污染地块开发管理办法。加强城乡规划、土地收储和供应、项目选址等环节审查把关，防止未按要求调查评估、环境风险管控不到位、治理修复不符合要求的污染地块被开发利用。综合考虑地块污染程度和用途等因素，组织实施100处重点污染地块和垃圾填埋场治理修复。支持台州市建设土壤污染综合防治先行区。

4. 全面推进清废行动

目标是到2020年，基本实现县（市）域内一般固体废物产生量与利用处置能力相匹配，设区市域内危险废物产生量与利用处置能力相匹配，危险废物规范化管理达标率达到90%，危险废物利用处置无害化率达到100%。到2022年，固体废物利用处置能力进一步规范提升，全省形成完善的固体废物闭环管理体系，危险废物规范化管理达标率达到95%。到2035年，各类固体废物全面实现源头减量化、分类资源化、处置无害化的目标。具体举措有以下三个方面。

（1）实行固体废物闭环式管理。加强固体废物重点行业整治，鼓励企业开展工业固体废物内部综合利用处置，从源头减少固体废物产生量。建立健全工业固体废物、医疗废物、生活垃圾、建筑垃圾、废弃家电、电子废物、农业废弃物、农药废弃包装物、病死动物等分类收集网络和机制，加强固体废物转运管理，实施固体废物规范化贮存和转运，防止二次污染。加快推进各类固体废物循环利用，开展危险废物利用处置行业整治行动，规范固体废物利用处置行为，强化固体废物综合利用后的产品标准及监管制度建设，着重抓好垃圾焚烧飞灰规范化处置。

（2）推进固体废物处置能力建设。加强危险废物、一般工业固体废物、生活垃圾、建筑垃圾、农业废弃物等处置设施的规划建设。加快实施静脉产业基地建设行动计划。加快建设一批垃圾处理项目，实现县以上城市生活垃圾焚烧处理设施和餐厨垃圾处理设施全覆盖。加快推进一般工业固体废物处置设施建设，提高一般工业固体废物处置能力，健全和完善一般工业固体废物处置体系。

（3）完善固体废物监管体系。建立健全固体废物利用处置全过程管理制度体系，制定出台针对危险废物、一般工业固体废物、生活垃圾、农业废弃物、医疗废物等各类固体废物的管理办法。落实工业固体废物申报登记制度，督促企业对工业固体废物产生情况进行核查。强化危险废物运输过程风险防控，严控长距离运输，对省内相应利用处置能力能够满足需求的危险废物，严格控制跨省转出利用处置；省内危险废物利用处置单位应本着先内后外的原则，优先消纳省内产生的危险废物。加强物流、资金流的闭环管理，对固体废物产生单位将处置费用直接交付运输单位或个人并委托其全权处置的，依法进行重点监督检查。

5. 切实加强生态保护和修复

目标是到2020年，全省森林覆盖率稳定在61%以上，平原区林木覆盖率稳定在20%以上；湿地面积不低于1500万亩（不包括水稻田）、自然湿地面积不低于1200万亩，湿地保护率提高到50%以上；大陆自然岸线保有率不低于35%。到2022年，自然生态系统稳定性有效提升，生态保护红线得以严守，力争80%以上的市、县（市、区）建成省级以上生态文明示范市、县（市、区）。到2035年，100%的市、县（市、区）建成省级以上生态文明示范市、县（市、区）。[①] 具体举措有以下三个方面。

（1）严格落实生态保护红线管控。全面建立生态保护红线制度，划定并严守生态保护红线，实现“一条红线”管控重要生态空间，确保生态功能不降低、面积不减小、性质不改变。勘定生态保护红线边界，建立基本单元生态红线台账系统，形成全省生态保护红线“一张图”。强化生态保护红线的刚性约束，制定实施生态保护红线管控措施和激励约束政策，构建区域生态安全的底线。建立完善生态保护红线监测机制，对生态保护红线内生态环境实施动态监管。严格考核问责，研究建立生态保护红线绩效考核评价机制。

① 参见《浙江省生态文明示范创建行动计划》（2018年5月）。

（2）系统推进生态建设和保护。持续推进绿化造林工程，深入开展平原绿化和森林扩面提质，实施新植1亿株珍贵树和“一村万树”行动，加快建成森林浙江。推进自然保护区规范化建设和管理，省级以上自然保护区全部达到国家级规范化建设要求。强化生物多样化保护，开展生物多样性区域优先保护工作，开展古树名木专项保护，完成全省主要生物物种资源调查、编目及数据库建设。

（3）切实加大生态环境整治修复力度。加强山水林田湖草系统治理，实施重要生态系统保护和修复重大工程。继续推进中小河流治理，加大河湖水系连通及水生态保护与修复力度，开展生态水电示范区建设。加强湿地保护与修复，启动湿地修复与提升工程，逐步恢复湿地生态功能，遏制湿地面积萎缩、功能退化趋势。加大松材线虫病、美国白蛾等重大林业有害生物灾害的防控力度。深入推进生态清洁小流域项目建设。全面加强矿山生态环境整治、复垦。开展全省海岸线整治修复三年行动，强化沿海滩涂、重点港湾湖库、海域海岛及海岸线的生态修复，严格围填海管理和监督。

三　城乡面貌之美

浙江地貌呈“七山一水两分田”格局，“山水林田湖”生态系统完备，山清水秀风光秀美，历史文化底蕴深厚，具有独特的“江南诗意栖居地”的自然文化特征，国家级风景名胜区数量位居全国第一，钱江源国家公园被列为全国第一批试点，是“绿水青山就是金山银山”理念的发源地。下一步，建设美丽浙江要更加重视自然和人文相统一、传统与现代相交融的景观设计，深入贯彻落实主体功能区战略，打造以“国家公园＋美丽城镇＋美丽乡村＋美丽田园”为主体的空间形态，构建人与自然和谐共生的国土开发保护格局，加大美丽城镇和美丽乡村建设力度，形成“一户一处景、一村一幅画、一镇一天地、一城一风光”的全域大美格局。

1. 建设国家公园

在试点基础上推进钱江源—百山祖国家公园创建工作，努力将其打造成“大花园”的金名片。积极支持具备条件的自然遗产地争取纳入国家公园体系，以各级自然保护区、森林公园、地质公园和主体功能区规划中的禁止开发区为重点划定并严守生态保护红线，打造自然保护地体系。

2. 建设美丽城市

按照生态秀美、生活和美、功能臻美、城市精美的理念，研究制定凸显“江南韵味”的美丽城市标准，强化城市生态基底保护和建设，构建与自然山水相融合的城市空间格局。加强历史文化名城和历史街区保护，实施“城市记忆”工程，加强城市设计和环境风貌管控，推进城市有机更新，提升城市的文化内涵和竞争力，打造一批特色鲜明、环境优美、适宜人居美丽城市。

3. 建设美丽小城镇

深入实施小城镇环境综合整治，从体制调整、公交优化、智能配套、市政管护、城市形象等方面着手，加快推进旧街区改造和新镇区整体规划建设，完善市政功能。鼓励社会资本参与城镇基础设施、公共设施和功能区块的建设运营，建设一批“小而美、小而特、小而精”的美丽小城镇和特色小镇。

4. 建设美丽乡村

按照“产业兴旺、生态宜居、乡风文明、治理有效、生活富裕”的总要求，全面实施乡村振兴战略，开启新时代美丽乡村建设新征程，全省30%的村庄建成美丽乡村精品村，A级以上景区村1万个。全面振兴农村产业，形成产村人共融共享、共荣共进的新局面；全面打造生态宜居的农村环境，实现万村景区化；全面塑造淳朴文明的良好乡风，不断提升农民素质，提振农民精气神，为美丽乡村注入美丽灵魂；全面加强乡村社会治理，实现政府治理与社会调节、居民自治良性互动；全面创造农民群众的富裕生活，更加重视在发展中保障和改善民生。

5. 建设美丽田园

实施千万亩标准农田质量提升工程，建成高标准基本农田2000万亩以上。研究制定美丽田园建设标准，深入开展“打造整洁田园、建设美丽农业”行动，提升完善田园设施，全面推行农业清洁化生产，推进农业景观设计，打造规模化、集中连片的田园景观，建成一批集现代农业、休闲旅游、田园社区、文化交流于一体的现代农业园区，把粮食生产功能区和现代农业园区建设成一道亮丽的风景线。

四　全域旅游之美

浙江全域都是大花园，名山大川、著名景点比比皆是。要发掘“珍珠”、打造“珍珠”，串珠成链，变盆景为风景，以世界旅游联盟总部落户杭州为契机，加快创建全域旅游示范省，全面建成“诗画浙江”最佳旅游目的地。

1. 打造四条水上黄金旅游线路

水路是“串珠成链”的有效载体。古人游历，往往沿水路而溯，水尽则登陆。要大手笔运作，谋划设计一批以水系为载体的特色旅游精品路线，打造一批亮丽风景线。依托浙江的自然资源和人文底蕴，可以重点打造四条线路。一是浙东唐诗之路，以萧山—柯桥—越城—上虞—嵊州—新昌—天台—仙居（临海）为主体，沿线有大禹陵、兰亭、曹娥庙、羲之墓、国清寺、大佛寺、神仙居、江南长城等著名景点，历史遗存和人文典故众多，留下了1500多首唐诗。二是钱塘江唐诗之路，以富春江—新安江—兰江—婺江—衢江为主线，富春江风景如画，千岛湖碧波荡漾，八咏楼气压江城，双龙洞神奇瑰丽，八卦村古韵悠长，烂柯山千古流传，钱江源令人神往，也留下了1000多首唐诗宋词。三是瓯江山水诗之路，瓯江是浙江第二大江，贯穿整个浙南山区，流经丽水、温州等市，沿线有通济堰、缙云仙都、龙泉青瓷、木拱廊桥、景宁畲寨、青田石雕、永嘉楠溪江等，特别是永嘉是中国山水诗的发源地，山水诗鼻祖谢灵运为浙江留下了千古绝唱。四是大运河（浙江段）文化带，主要以大运河世界文化遗产为核心，加强国家历史文化名城建设，高水平打造千年古韵、江南丝路、通江达海、运济天下的大运河文化带浙江样本。这四条线路，贯穿了浙东、浙西、浙南、浙北、浙中，是历史留给我们的宝贵财富，我们要让它们不仅兴盛在纸笔间，更兴旺在实景中，力争每条线路游客都超1亿人次，加快打造一批千万级游客的特大景区（如西湖、普陀山、灵隐寺、宋城、千岛湖、横店、乌镇等），2022年力争建成25家5A级景区。

2. 打造浙西南生态旅游带

浙西南地区山清水秀、景区景点多而分散，生态旅游发展的潜力很大，但经济相对欠发达，交通基础设施较为薄弱，很多高品质的旅游资源"养在深闺无人识"，因此，省级层面完全有必要且有条件高标准规划建设景区化高速公路，将浙西、浙南、浙东地区的生态功能区县市贯穿起来，形成生态旅游大通道，将浙西南山区打造成以青山绿水为主题、以地域文化为特色、以景观公路为载体，集多种旅游业态于一体的旅游经济带，成为全国最具影响力和吸引力的旅游目的地，引导生态功能区县市走"绿水青山就是金山银山"的路子。重点是要开展高水平规划设计，建设 A 级景区、旅游度假区、特色小镇、自然文化遗产地、旅游风情小镇、历史文化村落等旅游载体，打造江郎山—廿八都、古堰画乡、钱江源、世界竹海公园、千岛湖等一批知名生态旅游品牌，高水平建设一批休闲度假、养生养老、森林旅游、民俗风情、农旅融合等旅游基地。打造"衢州有礼"区域性文化品牌、"丽水山居"区域性民宿品牌。建立浙西南重点景区发展联盟，进行整体策划、宣传、推广、营销，积极拓展客源市场，打造浙西南精品旅游线路，提高国际化旅游接待服务水平和质量。

3. 建设浙皖闽赣国家东部生态旅游协作区

按照"打破省界、整合资源、错位发展、国际标准、高效务实"的要求，依托世界级自然文化遗产集群，以旅游一体化为突破口，加快建设浙西南区域旅游综合集散枢纽，构建生态环境质量优良、旅游形象鲜明、资源开发有序的生态旅游高地，打造国家东部最佳旅游精品线路。

4. 打造国际知名旅游品牌

加快推进世界旅游联盟总部永久落户浙江，举办多层次国际化高端旅游推广交流活动，加大旅游宣传营销力度，立足长三角，大力开拓国内外客源市场。推进旅游商品、设施、服务、监管等标准化建设，着力构建由高等级景区、省级以上旅游度假区等构成的诗画浙江品牌体系，提升影响力。实施全域旅游"三级创优"工程，促进区域旅游资源有机整合、产业融合发展、社会共建共享。

五　人民生活之美

增进民生福祉、创造美好生活，是建设美丽浙江的出发点和落脚点。要坚持以人为本，着眼人民群众的获得感、幸福感和安全感，努力让全省人民共同分享大花园“红利”。重点是推进“五养”。[①]

1. 青山碧海“养眼”

通过大花园建设解决“看”的问题，使全域呈现出绿水青山、满目苍翠的景象，呈现出清水绿岸、鱼翔浅底的景象，呈现出鸟语花香、田园风光的景象，让人大饱眼福。比如，富阳区东梓关村、嵊泗县田岙村等，通过村庄规划整治和建设，使农村风貌、乡土建筑和自然山水相协调，形成了一幅“水墨画”。

2. 蓝天清风“养肺”

通过大花园建设解决“呼吸”的问题，不仅要消除重污染天气，还要“清新浙江”，使天朗气清、惠风和畅常伴，使蓝天白云、繁星闪烁常见，让人民群众呼吸到清新的空气、闻到泥土的芬芳。比如，开化钱江源、龙泉凤阳山、庆元百山祖、临安天目山等地，负氧离子高达数万个，要吸引全国乃至全世界游客到浙江来“洗肺”。

3. 净水美食“养胃”

通过大花园建设解决“吃”的问题，使水污染和土壤污染得到有效治理，使更多的农产品和食品达到绿色有机标准，让人民群众吃得安全、吃得放心。比如，开化齐溪镇，拥有钱江源青蛳、清水鱼、汤瓶鸡等11道名菜，获评全省唯一的“美食小镇”，游客纷至沓来。还有缙云烧饼，2017年卖了15亿元，既好吃又增收。

---

① 袁家军：《深入践行习近平生态文明思想　加快建设“诗画浙江”大花园》，《求是》2018年第17期。

4. 崇文尚学“养脑”

通过大花园建设解决“思”的问题，使人民群众在畅游山水意境的同时，激发出创作的灵感，催生出悠远的诗意，洗涤掉尘世的俗虑。“青山行不尽，绿水去何长”，比如浙东唐诗之路，正是因为青山如画、溪流如带，谢灵运、李白、杜甫、白居易、孟浩然、苏东坡、王安石、李清照、张玉娘等著名诗人均写下了千古名篇，令人神往。

5. 诗意栖居“养心”

要通过大花园建设解决“焦虑”的问题，使人民群众在普遍富足的同时，能在青山绿水的闲适中涤荡心灵，在江南风韵的遨游中体味人生，在山水与诗情中实现身心双愉悦、物我两相忘。比如，德清的“裸心谷”，利用莫干山“清、绿、凉、静”，让游客回归大自然、放松身心、修身养性。

第　三　章

空间布局与美丽浙江建设

习近平同志针对浙江当年面临的实际情况，高瞻远瞩地提出“八八战略”，带领浙江人民努力克服资源束缚紧、地域限制大的客观局限，扬长避短、真抓实干，促进浙江经济迅速崛起，稳稳跻身经济强省之列。不仅如此，浙江还实现了生态省—绿色浙江—美丽浙江的生动实践与美好愿景，浙江生态文明建设走过了非凡的历程、形成了宝贵的经验，凝练出经济与生态共同发展的“浙江样本”。回顾辉煌的历程，可以发现最为关键的就在于浙江将“人与自然和谐共生”“人全面而自由发展”作为指导原则对经济发展与生态空间进行顶层设计与整体布局。因此，我们将从三个方面对此予以涵括：一是着力优化省域整体生态布局，二是合理规划区域空间开发格局，三是构建协调发展的“三生”空间。需要说明的是，这三个方面既是浙江生态空间布局的宏观规划与改革目标，也是浙江一以贯之的生动实践与开拓创新，更是浙江生态空间布局的科学理念与人文关怀，是需要我们时刻把握的。

第一节　着力优化省域整体生态布局

一　省域整体生态布局的理论依据

资本主义发轫以来，人类生产力取得空前发展。人类对自然的崇拜、敬畏随着科学技术的突飞猛进，转变为利用自然、征服自然甚至是消灭自然的人类中心主义。马克思主义生态观对资本主义下人与自然的“二元对立”、人类中心主义、工具理性主义等观点进行了反驳，揭示了资本主义制度下人的劳动的异化、社会关系的异化以及人与自然关系的异化，并对人类历史与自然历史的共时同程异化等进行了深刻的批判。马克思从物化劳动的二重性，探寻到资本逻辑下人与自然的分割、人与人社会关系的分割之实质，由此揭露西方资本主义国家民主、自由外衣下遮蔽着的新的压迫、剥削以及新的人与自然、人与人之间不平等。马克思认为，掌握了物质生产资料的经济权力集团构建起资本主义国家与集团，不断盘剥大自然与广大无产劳动者，攫取着无产阶级源源不断的“剩余劳动”，持续地创造剩余价值以便于投进下一轮的资本循环。资本的本性是贪婪的，在利润的驱使下，它可以不惜一切代价榨取自然的最后一滴水、一颗煤，劳动者最后一滴汗、一滴血，从而造成自然与人的双重贫困积累。伴随着生态环境的自然力与人的自然力被无节制地盘剥，生态环境的原生逻辑也随着人的社会关系的异化而不断被资本逻辑侵蚀。自然景象朝着不可逆的方向被破坏，人类的城市日益功能化、政治化，在资本逻辑的深化中不断单向度地更新迭变。与此同时，列斐伏尔认为人类得以生存的“中立的、与利益无关的、客观的（纯洁）”空间也不断与“欲望、功能、地点、社会目的联系在一起”。资本逻辑在盘剥人与自然的同时，按照其需要（欲望）对大自然和人类生产生活的空间（城市）予以形塑和规划。人类所创造的空间失去了“文明弹性”，仅仅作为资本逻辑中的功能性存在，而非文明性存在，抑或物质文明被捧上神位，而精神文明则属于另外一个永不可及的“理想国”，这无疑是可悲的。人类赖以生存的大自然及其人化自然的典型代表——城镇，在资本逻辑之中丧失了文明弹性与张力，只剩下对于增殖、扩张、破坏的狂热。总之，资本逻辑之下的人类生产生活空间丧失了文明性、整体性与超越性，人的贫困、自然的贫困乃至于空间的贫困日益凸显。

唯物史观认为，人类的物化劳动创造了历史，也一并创造出人类自身生存空间，例如城市、乡镇以及布满人类足迹的大自然。物化劳动所创造的空间，是人类物质文明、精神文明与自然的结合体。空间是人类文明的物质载体和表现形式，物化劳动，尤其是剩余劳动不断地形塑着、人化着原本中立的、无目的的大自然。人类生产力的每一次进步，尤其是剩余劳动被资本利用以来，人类控制、形塑或者说攫取自然空间的能力呈现指数式增长。就如马克思、恩格斯在《共产党宣言》中所说：“资产阶级在它的不到一百年的阶级统治中所创造的生产力，比过去一切世代创造的全部生产力还要多，还要大。”① 在马克思、恩格斯那里，所谓文明，不外乎人类的物化劳动及其形成的社会关系。人类文明既要遵守客观存在的技术逻辑，也要符合社会关系逻辑。在工业文明中，人类文明形成了以财富、利润最大化为总体特征且表现为人类中心主义、工具理性主义的价值逻辑。在这套价值逻辑中，人类的社会行为被物化的剩余劳动所创造的客观物质力量所支配，从而丧失了自由发展、追求美好生活的可能性，这就是工业文明背后隐藏着的社会关系逻辑。

一个良好的空间，内蕴着韵律的、公平的、正义的价值逻辑，是一个充满张力、文明弹性和开放性的整体。合理的空间安排是生态文明建设的首要任务与重要特征。社会主义生态文明建设的根本要义在于对人与自然的时空坐标予以以“共生性”“可持续性”为原则的构建与标注。而并非如列斐伏尔对处于资本逻辑下的空间安排进行激烈批评时所说的：“国家官僚主义的行为、按照（资本主义的）生产方式的要求对空间所进行的管理，也就是按照生产关系的再生产的要求来对空间所进行的管理。这一实践的一个重要的、或许是根本的方面就出现了：将空间进行分割（fragmentation），以便用来买卖（交易）。”② 然而，社会主义生态文明建设对于空间的宏观构建与标注，实质上是对西方“人类中心主义”“工具理性”理念的全面超越，其本质上是对人与自然关系的哲学修正与现实重建，其主要方式是在充分利用资本提升生产力的同时，对资本予以及时导控、拨引，从而将全社会的经济活动（生产、消费）升华为以尊重自然、顺应自然、保护自然为原则的人与自然和谐共生的生存方式。

循环、持续、整体、协调是生态环境的重要客观特征。社会主义生态文明视域之下的生态布局必须在人与自然全面联系的现实基础之上予以考量，积极摒弃局部、静止、单向、二元对立等片面的生态布局思维。唯物史观与唯物辩证法是马克思主义生态观的根本理论遵循，坚持唯物史观与唯物辩证

① 《马克思恩格斯文集》第2卷，人民出版社2009年版，第36页。

② 〔法〕亨利·列斐伏尔：《空间与政治》，李春译，上海人民出版社2007年版，第5页。

法的理论指导，树立整体的、联系的、发展的生态布局思维是社会主义城市发展规划的题中之义。自“八八战略”提出以来，浙江在建设美丽浙江的过程中，始终坚持全国全省一盘棋、一张蓝图绘到底的整体性原则，遵循生态文明建设的客观规律，加强省域生态文明建设的顶层设计与宏观建构，科学安排布局省域生态空间，最终实现人与自然和谐共生、经济与环境良性互进的大好局面。可以说，人与自然、经济与生态的协同发展，是“浙江样本”最为突出、最为重要的特征，在全国生态文明建设进程中成为先进示范，为社会主义意识形态下对资本逻辑的克服及其超越提供了契机。

二 整体生态布局的探索与实践

1. 整体生态布局的价值考量

价值现象存在于人类任何行动之中，人类在做出某种行为时必然要以自身为价值主体对行为过程予以价值考量。譬如，考量与评价一件事物的好与坏、得与失、美与丑等，均属于常见价值现象，大量存在于我们的日常生活之中。而整体的生态布局是以政府机关为代表的，对区域内人们的生存空间、经济生活空间、生态空间、生态元素、生态功能等进行的一种顶层设计与结构性、系统性的规划。整体生态布局具有重大意义以至于必须确保其价值逻辑符合社会主义公平正义原则，这一方面是由生态环境公共产品性质所决定的；另一方面，从根本上来说，是由社会主义本质所规定的。也就是说，在社会主义生态文明视域下的整体生态布局，必须坚决摒弃资本主义制度下的资本逻辑、人类中心主义、工具主义以及以自然为中心的犬儒主义，而应自觉树立以人民为主体、不懈追求代际代内公平正义、统筹兼顾的价值逻辑。尤为值得注意的是，在社会主义整体生态布局中，坚持以人民为中心的价值逻辑，并非西方资本主义工业文明中人类中心主义的翻版。马克思主义已经充分论证了人与自然的整体性，这种整体性是同资本逻辑之下人与自然的二元对立、单向度发展直接对立的。在资本逻辑中，资本永无止境地吸吮人的自然力、生态环境的自然力，最大限度地开掘生态资源，最大限度地利用剩余劳动，最终最大限度地创造剩余价值，在这种逻辑之下，必然造成广大劳动人民的极端贫困和生态系统的严重损坏。社会主义生态文明建立在人与自然辩证统一、和谐共生关系之上。增进人民福祉、满足人民对于美好生活的需要，是浙江省整体生态布局的根本价值取向。不管是国家层面，还是省域整体生态布局，都必须坚持人民主体地位，人民始终是价值主体，是价值的出发点与落脚点。同时，“自然是人类的有机的身体”，在坚持人民主体地位的同时，保持结构性张力与价值弹性，尊重自然、顺应自然，服从人与自然的整体性规律，实现人与自然的和谐共生，共同发展。

2. 整体生态布局的价值转向

改革开放以来，浙江始终干在实处、走在前列。浙江人民克服了陆地地域小省、自然资源小省、环境容量小省的客观局限，在现代化进程中奋勇扬帆、勇立潮头，取得了被誉为“浙江模式”“浙江经验”“浙江奇迹”的骄人成绩。2017 年，浙江地区生产总值（GDP）突破 5 万亿元大关，达到 51768 亿元，同比增长 7.8%，是 1978 年 123.72 亿元的 418 倍。1979 年至 2016 年的年平均增长保持在 12.2%，2012 年至 2017 年保持在 7.85%，高于全国国内生产总值的平均增长率。浙江稳步迈入经济强省之列。但是，特殊的省情决定着浙江在市场改革进程中，必然遭遇“成长的烦恼”。“资源需求的无限性与资源供给的有限性以及资源利用效率不高的矛盾十分尖锐，环境容量需求的递增性与环境容量供给的递减性以及环境生产率不高的矛盾十分尖锐，居民日益增长的生态环境质量需求与政府不尽理想的生态环境质量供给之间的矛盾十分尖锐。这些矛盾不同程度上引发了起因于资源环境问题的群体性事件。”[①] 这种发展困境背后隐藏着发展理念的困境，或者可以说是价值观的根本转换与调整已经成为当务之急。那么，应该树立什么样的发展理念和价值观呢?

浙江省委、省政府在经过大量的实地调研、反复论证之后提出，以壮士断腕的精神搞好环境保护，以“腾笼换鸟”的决心搞好经济转型升级。时任浙江省委书记习近平同志生动形象地指出：“推进经济结构的战略性调整和增长方式的根本性转变……就是要养好‘两只鸟’：一个是‘凤凰涅槃’，

---

① 潘家华主编《中国梦与浙江将实践（生态卷）》，社会科学文献出版社 2015 年版，第 2 页。

另一个是‘腾笼换鸟’。所谓‘凤凰涅槃’，就是要拿出壮士断腕的勇气，摆脱对粗放型经济增长的依赖……所谓‘腾笼换鸟’，就是要拿出浙江人勇闯天下的气概，跳出浙江发展浙江……”习近平同志的这一精辟论断对浙江粗放型经济增长模式进行了深刻的反思，对粗放型经济增长模式进行了批判，用“涅槃”一词表达了转变经济发展模式刻不容缓之意，乃至于在根本上决定着浙江能否化解尖锐的人地矛盾、社会矛盾，能否实现可持续性发展，能否满足人民日益增长的美好生活需要等至关重要的事项。因此，浙江坚定不移地实施“811”环境整治行动计划、“811”生态文明行动计划等，毫不犹豫地在全省范围内淘汰落后产能、毫不动摇地拒绝污染企业，旗帜鲜明地推进绿色发展、循环发展、低碳发展。可以说，经济增长方式的转变决定着浙江经济发展的“涅槃重生”，更决定着浙江人民的自然生命“幸福安康”，蕴藏着浙江人民对“绿色”“生命”“和谐”“幸福”的价值追求，更意味着浙江经济发展逐渐实现了价值观的艰难转向，或者说是向社会主义本质的积极回归。

“绿水青山就是金山银山”理念是习近平生态文明思想的重要内容，更是浙江生态文明建设的基本原则。浙江是习近平“绿水青山就是金山银山”理念的诞生地，也是“绿水青山就是金山银山”理念的深化、成熟之地。自习近平同志在浙江担任省委书记时提出“绿水青山就是金山银山”科学论断以来，他从认识论、辩证法、系统论等多种理论视角予以深刻严谨的解读和诠释。2003 年，习近平同志从认识论的角度对金山银山与绿水青山的关系进行了阐述，他指出：“‘只要金山银山，不管绿水青山’，只要经济，只重发展，不考虑环境，不考虑长远，‘吃了祖宗饭，断了子孙路’而不自知，这是认识的第一阶段；虽然意识到环境的重要性，但只考虑自己的小环境、小家园而不顾他人，以邻为壑，有的甚至将自己的经济利益建立在对他人环境的损害上，这是认识的第二阶段；真正认识到生态问题无边界，认识到人类只有一个地球，地球是我们的共同家园，保护环境是全人类的共同责任，生态建设成为自觉行动，这是认识的第三阶段。”[①] 2006 年 3 月 23 日，习近平同志进一步从金山银山与绿水青山对立统一辩证法角度作了更为完

① 习近平：《环境保护要靠自觉自为》，《浙江日报》2003 年 8 月 8 日。

整、更为严谨的表述。他指出，人们“在实践中对这‘两座山’之间关系的认识经过了三个阶段：第一个阶段是用绿水青山去换金山银山，不考虑或者很少考虑环境的承载能力，一味索取资源。第二个阶段是既要金山银山，但是也要保住绿水青山，这时候经济发展与资源匮乏、环境恶化之间的矛盾开始凸显出来，人们意识到环境是我们生存发展的根本，要留得青山在，才能有柴烧。第三个阶段是认识到绿水青山可以源源不断地带来金山银山，绿水青山本身就是金山银山，我们种的常青树就是摇钱树，生态优势变成经济优势，形成了一种浑然一体、和谐统一的关系。这一阶段是一种更高的境界，体现了发展科学发展观的要求，体现了发展循环经济、建设资源节约型和环境友好型社会的理念”。[①] 在党的十八届三中全会上，习近平同志进一步把“绿水青山就是金山银山”理念提升到系统论的高度。他指出：“山水林田湖是一个生命共同体，人的命脉在田，田的命脉在水，水的命脉在山，山的命脉在土，土的命脉在树。用途管制和生态修复必须遵循自然规律，如果种树的只管种树、治水的只管治水、护田的单纯护田，很容易顾此失彼，最终造成生态的系统性破坏。”[②] 在“绿水青山就是金山银山”理念的指导下，浙江的经济建设和生态文明建设找到了正确的方向、科学的理论。价值观方面的重要转变，迅速体现在发展战略的调整上。习近平同志主政浙江提出的“八八战略”，就是科学理论指导下的伟大实践，浙江省域生态布局与经济发展迈向更为广阔的天地。

3. 整体生态布局的具体实践

（1）优化产业结构，发展创新、绿色、循环、低碳的生态产业布局

2003 年 7 月，浙江省委十一届四次全会提出了“八八战略”。在“八八战略”的指导下，浙江以“凤凰涅槃”的勇气、“腾笼换鸟”的举措、“浴火重生”的气魄积极推进经济结构调整和产业优化升级。针对要素供给和环境承载能力的瓶颈制约，粗放型增长方式对可持续发展的约束日益显著的形势，浙江采取“优农业、强工业、兴三产”三大方略，用生态农业、精

① 习近平：《之江新语》，浙江人民出版社 2007 年版，第 186 页。

② 习近平：《关于〈中共中央关于全面深化改革若干重大问题的决定〉的说明》，《人民日报》2013 年 11 月 12 日。

致农业代替传统农业，用新型制造业改造提升传统产业。同时，依靠创新驱动，从成本领先转向技术领先，实现“腾笼换鸟”，将低水平重复建设的项目和企业腾出，换进战略性新兴产业、新的机制和新的增长方式。大力推进企业创新，大力发展绿色、循环、低碳的生态经济。

2006 年，浙江省委、省政府专门出台了《关于加快提高自主创新能力，建设创新型省份和科技强省的若干意见》，多维度、多方面鼓励企业、高校等主体自主创新，培育与扶持高层次、高级别创新企业与科研项目，为创设创新型省份和科技强省提供了大量的人才、资金、制度方面的政策支持。同时，以加强知识产权保护为重要抓手，建立健全归属清晰、权责明确、管理规范、流转顺畅的现代知识产权制度，增强发明创造活力，加强知识产权保护，推进专利成果产业化。通过实施驰名商标、著名商标和知名商号认定（“三名”工程）等，增加企业无形资产。

2002 年 6 月 12 日，浙江省第十一次党代会正式提出建设“绿色浙江”的战略目标，要求从全局利益和长远发展出发，把发展绿色产业、加强环境保护和生态建设，放在更加突出的位置；加快发展生态农业、生态工业、生态旅游和环保产业等。2005 年 1 月 17 日，时任浙江省委书记习近平同志指出，大力发展高效生态农业，提高农业综合生产能力、建设现代化农业的主攻方向是：以绿色消费需求为导向，以农业工业化和经济生态化理念为指导，以提高农业市场竞争力和可持续发展能力为核心，深入推进农业结构的战略性调整，大力发展高效生态农业。[①] 2010 年 6 月 29 日，时任浙江省委书记赵洪祝同志在浙江省委第十二届七次全会上的报告中明确指出：必须顺应国际新趋势，大力调整经济结构和能源结构，加快发展战略性新兴产业和现代服务业，使经济变“绿”，争取在国际竞争中赢得主动。同时认真评估绿色壁垒对浙江省进出口的影响，充分发挥绿色经济、循环经济在实施“走出去”战略中的重要作用，发展绿色产业，推行绿色标准，实施绿色经营，进一步增强国际竞争力。大力发展高效生态农业，积极推进生态旅游业的发展，要加快发展绿色经济，大力推行绿色生产，全面实行清洁生产，培育一批清洁生产企业和绿色企业，大力发展无公害农产品、绿色食品和有机

---

① 习近平：《之江新语》，浙江人民出版社 2007 年版，第 109 页。

食品，努力实现农产品的优质化和无害化。[1] 2012 年 6 月 6 日，赵洪祝同志在浙江省第十三次党代会上的报告中指出：大力发展生态经济，严格实行空间、总量、项目“三位一体”的环境准入制度，加快淘汰重污染、高耗能的落后产能，大力发展生态循环农业、绿色制造业、生态服务业以及生态旅游、休闲养生等产业。[2] 2014 年 5 月 23 日，浙江省委十三届五次全会通过《中共浙江省委关于建设美丽浙江　创造美好生活的决定》。该决定明确提出：加快建立和推广现代生态循环农业经济，带动山区林农增收致富。[3] 在大力发展绿色经济的过程中，浙江省积极发展生态农业，推进工业绿色发展、推进生态旅游、大力发展林业产业、加快清洁能源开发；采取多举措推动农业、工业、服务业三大产业的循环发展，形成较为完整的循环经济产业链，集中力量突破循环经济三大产业关键性技术；积极推进低碳生产生活方式，不断培育低碳产业，抓住浙江省全国领先的现代化服务业，推动工业转型升级与生产性服务业联动发展，推进传统高能耗产业，汽车、钢铁、石化等十一大产业转型升级规划。不断打造低碳能源体系、倡导低碳生活方式。浙江省逐渐形成良性发展的产业布局与生态产业空间，生态经济化与经济生态化成绩喜人，绿色 GDP 比重逐渐增大，经济效益、社会效益与环境效益相得益彰。

（2）打造诗画浙江，拓展山青、水秀、天蓝、地净的生态环境与人文精神的空间布局

《中共浙江省委关于建设美丽浙江　创造美好生活的决定》表述的“美丽浙江”是对党的十八大提出的“美丽中国”的具体实践。建设美丽浙江的决定，意味着浙江生态文明建设工作，在绿色浙江、生态浙江、全国生态文明示范区战略实施方面得到新的继承和升华。美丽浙江，淋漓尽致地体现出了千年以来吴越大地上积淀下来的“诗画江南”的人文之美。山川秀美和人文大美在“江南”得以完美融合和涵化。“美丽浙江”与“诗画江南”是浙江省生态文明建设的集中体现，也是自然环境与人文精神在时空中的契

① 赵洪祝：《扎实推进生态文明建设　开创浙江科学发展新局面》，《政策瞭望》2010 年第 7 期。

② 赵洪祝：《坚持科学发展　深化创业创新　为建设物质富裕精神富有的现代化浙江而奋斗》，《浙江日报》2012 年 6 月 6 日。

③ 《中共浙江省委关于建设美丽浙江　创造美好生活的决定》，《今日浙江》2014 年第 10 期。

容与延展。通过美丽浙江建设，将浙江打造成“诗画江南”的大花园，浙江生态文明建设独具特色，形成了山青、水秀、天蓝、地净的生态环境与人文精神的空间布局。

美丽浙江建设要落实到居住环境中。2003 年，浙江成为全国第五个生态省建设试点省份。同年，浙江省委、省政府按照党的十六大提出的统筹城乡发展要求，回应农民群众的新期盼，做出了实施“千村示范、万村整治”工程的重大决策。为了切实推进生态省建设，浙江省政府创造性地提出了“811”三年环境污染政治计划。2007 年又启动了“811”环境保护新三年行动，全省上下坚定不移走“生产发展、生活富裕、生态良好”的文明发展之路。2013 年 12 月，浙江省委常委会作出“五水共治”的重大决策，确定了“五水共治”的路线图和时间表：三年（2014～2016）要解决突出问题，明显见效；五年（2014～2018）要解决基本问题，全面改观；七年（2014～2020）要基本不出问题，实现质变。这三大举措，为优化“诗画江南”的人居环境提供了重要保证。总的来说，建设美丽浙江、打造诗画江南主要包括两个方面。一是加快美丽城市规划建设。根据环境和人口承载能力、可开发土地资源和经济社会发展水平，进一步完善全省城镇体系规划。坚持全省规划“一盘棋”，统筹抓好都市区、区域中心城市、县城和中心镇的规划建设，推动高端要素向都市区集聚，分类指导区域中心城市发展，推动县城、小城市和中心镇成为统筹城乡发展的战略节点。结合自然资源特点和人文特色，科学设计城镇人居环境、景观风貌和建筑色彩，加强城镇生态景观保护和建设，推进生态人文小城市试点，建设一批江南风情小镇，彰显“诗画江南”的独特魅力。坚守城市发展“边界”，推进绿色城市、智慧城市、人文城市建设。科学开发利用城市地下空间，整治城市光污染问题。二是提升美丽乡村建设水平。实施浙江省《美丽乡村建设规范》，提升标准，优化布局，强化特色，让广大人民群众望得见山，看得见水，记得住乡愁。深入实施“千村示范、万村整治”工程，推进村庄生态化有机更新。加强农村环境综合整治连线成片，建立长效管理机制。大力创建绿色城镇和生态示范村，保护乡土自然景观和特色文化村落。加强村庄规划和建设，强化农房设计服务，彰显江南农房特色。抓好农房改造和危房改造，精心建设一批

“浙派民居”。[①]

美丽浙江需要传承和培育海洋、江河、山川的生态文化，形成稳定、自适的生态文化空间。美丽浙江不仅要求物质空间、产业布局的合理规划，还需要传承和培育独具浙江特色的生态文化。浙江历史悠久，经济发达，文化昌盛，其经济社会发展始终是在生态文化精神的引领下进行的，浙江生态文化的基本精神与生态文明的内在要求具有高度的一致性，因而成为生态文明的率先响应者和实践者。近代以来，浙江生态文化在吴越文化和浙东学派精神的融合发展中逐渐形成独具特色的三大生态文化脉络。

其一，海洋文化。主要表现为以石浦为代表的沿海地区的海洋（海商）生态文化。浙江有着独特的海洋自然条件、优厚的海洋资源和悠久的沿海地域文化历史，促进了浙江海洋特色文化的形成。浙江海洋文化具有灵动的特点，具体表现在精致的物质性海洋文化、团队协作的海洋行为文化、海洋商贸精神，以及粗犷与柔和相济的海洋审美文化等方面。

其二，江河文化。“浙江”本为河流的名字，又称“潮河”“浙江”“曲江”“之江”，是曲折的河流之意，可见江河是浙江形象的突出代表。以钱塘江为界，浙江可分为浙东和浙西两部分，浙西地区水网密布，江河文化表现尤为突出，主要表现为以余姚江、奉化江、雨江为代表的江河文化。江河文化尚商，注重发展米市、田蚕，民风富于开拓创新精神。

其三，山川文化。浙西地区群山环抱，生态环境优异，人口稀疏，人与大自然和谐共生。浙西山川文化主要表现为以天目山为代表的山川文化，重农重畜，崇尚牛、鸟、蛇等动物，民风中庸保守，安土重迁。

浙江山川生态文化是以森林生态文化为引领的。可以说，浙江的生态文化源远流长。独特的山海环境成为浙江生态文化的自然孕育之地。反过来，在建设现代生态文明的进程中，浙江生态文化越发体现出时代价值。在浙江生态文化的沁润下，浙江人民秉承着千百年来的精神，用自己的双手创造出一个经济发达、生态优良、社会和谐的“大花园”。浙江生态文化极具弹性与张力，微妙地塑造每个社会主体亲近自然、追求和谐的精神个性，这是浙江生态文化的魅力所在，也是以文化人的典型示范。

① 潘家华主编《中国梦与浙江将实践（生态卷）》，社会科学文献出版社2015年版，第18页。

第二节 合理规划区域空间开发格局

国土开发，就是对既有自然界的部分或全部的改变，是人类有意识地对自然空间进行改造和利用。科学、有序、均衡的国土开发方式是一个国家、一个民族实现永续发展的重要保证，也是生态文明建设的重要抓手，而主体功能区的科学划定则是进行国土开发的基本前提。所谓主体功能区，就是根据不同区域的资源环境承载能力、现有开发密度和发展潜力，统筹谋划未来人口分布、经济布局、国土利用和城市化格局，将国土空间划分为优化开发、重点开发、限制开发和禁止开发四类，确定主体功能，明确开发方向，完善差异化的财税、投资、产业、土地、农业、人口、环境等政策，以及相应的监测评估和绩效考核制度，最后引导整个国土的空间开发活动。

2011 年 6 月，国务院印发了《全国主体功能区规划》（以下简称《规划》），这是我国推进形成主体功能区的基本依据，是科学开发国土空间的行动纲领和远景蓝图，是国土空间开发的战略性、基础性和约束性规划。2013 年 8 月，浙江根据《国务院关于编制全国主体功能区的意见》、《全国主体功能区规划》和省政府办公厅《关于开展全省主体功能区规划编制工作的通知》，编制了《浙江省主体功能区规划》，以 2010 年为规划基期，以 2020 年为目标年限，以此确定主体功能定位，明确开发方向，控制开发强度，规范开发秩序，完善开发政策，逐步形成人口、资源环境、经济相协调的空间开发格局。

一 国土特征及其评价

在生态文明建设视域之下，工业化城市化必然要走人口、资源环境、经济相协调的开发道路。因此，对区域空间的土地资源、水资源、环境容量、生态系统脆弱性、生态重要性、自然灾害危险性、人口集聚度、经济发展水平、交通优势度等要素进行综合考量和科学评价，必然成为区域空间开发的基本前提。

浙江地处我国东南沿海、长江三角洲南翼，东临东海，南接福建，西与江西、安徽相连，北与江苏接壤，东北与上海为邻，地理位置优越，地形地貌复杂，季风气候显著。全省陆域面积10.18万平方公里，占全国的1.06%，是中国陆域面积较小的省份之一，海域面积26万平方公里。2019年末，全省常住人口5850万人，辖2个副省级城市、9个地级市，37个市辖区、20个县级市和33个县（含1个畲族自治县）。全省地形复杂，地势西南高、东北低，自西南向东北倾斜，境内地形起伏较大。山地和丘陵占70.4%，平原和盆地占23.2%，河流和湖泊占6.4%，有“七山一水两分田”之称。浙江位于中低纬度的沿海过渡地区，属于亚热带季风气候。季风显著，四季分明，年温适中，光照较多，雨量丰沛，空气湿润，雨热季节变化同步。全省年平均气温16.1℃～18.6℃。年均降水量为980～2000毫米。浙江整体生态环境较好，树种资源丰富，野生动物种类繁多，森林覆盖率达61.17%，森林面积达607.82万公顷，主要指标居全国前列。从近几年来的年度监测情况看，全省森林资源和生态状况指标持续向好，呈现出总量不断增长、质量稳步提升、结构持续改善、功能显著增强的良好态势。浙江拥有丰富的海洋资源，海岸线总长6696公里，居全国首位，有沿海岛屿3000余个，水深在200米以内的大陆架面积达23万平方公里，海域面积26万平方公里。面积大于500平方米的海岛有2878个，是中国岛屿最多的省份。可建万吨级以上泊位的深水岸线达506公里，约占全国的30.7%，其中10万吨级以上泊位的深水岸线106公里，占全国的1/2左右。东海大陆架盆地有着良好的石油和天然气开发前景。港口、渔业、旅游、油气、滩涂五大主要资源得天独厚，组合优势显著。① 同时，浙江已发现固体矿产113种，已探明储量的有67种，矿产地4730处。其中叶蜡石、明矾石探明资源储量居全国之冠。

浙江作为陆域小省，土地资源十分有限。由于地形地貌和“人多地少”的特点，随着大规模工业化、城市化对建设用地的需求不断增加，可利用土地资源相对短缺。理论上测算全省适宜建设用地不足2万平方公里，可利用土地资源不足1万平方公里，主要集中在环杭州湾区域、浙东沿海和金衢盆地，绝大多数人口也集中于这些地区。水资源相对紧缺且分布不均。全省

① 《浙江向海洋经济强省迈进》，《光明日报》2011年3月2日。

多年平均水资源总量为955亿立方米，可利用水资源量为350亿立方米，人均可利用水资源量为643立方米。总体上呈西南丰富、东北缺乏的格局，水资源富裕地区主要分布于杭州的西部、浙西南的衢州和丽水、浙南的温州等山区。

生态环境整体较好但局部脆弱。全省整体生态环境良好，但存在局部生态脆弱地区，主要为水土流失，面积约为101万平方公里，分布在浙南、浙西北和浙东等地区。局部地区自然灾害多发。浙江自然灾害频发，危害最大的为台风，以及由此引发的海洋灾害和地质灾害，地震、洪水、赤潮、地面塌陷和地面沉降等自然灾害也有发生。部分区域存在破坏性地震、水库地震和地质灾害隐患。

经济布局和人口分布不合理。全省经济发展水平居全国前列，但地区之间发展仍然不平衡，总体呈现环杭州湾地区经济社会发展最为发达、温台地区次之、金衢丽地区相对滞后的发展格局。人口转移总量和结构不尽合理，部分地区人口数量超过资源环境承载能力，城乡之间和不同区域之间的公共服务水平存在差距。

资源短缺且空间分布不均衡。浙江是资源小省，陆域面积小，人均耕地面积、人均水资源、人均森林蓄积量均低于全国平均水平。同时，全省的水土资源空间分布不均衡，适宜建设用地主要分布在环杭州湾、温台沿海平原和金衢盆地一带，而水资源储量相对丰富的地方却在浙西南地区，水土资源空间不匹配的格局对浙江经济发展的制约已日益凸显。

经济发展与环境保护的矛盾突出。浙江生态保护和节能减排任务十分艰巨。部分流域特别是平原河网和城市内河污染比较突出，近岸海域水质状况较差，大气环境状况不容乐观，农村生态保护和环境整治相对滞后。经济总量不断增加与环境容量相对不足的矛盾将会更加突出，环境质量现状与人民群众的期望仍然存在较大的差距。

二 空间开发的原则与战略

科学开发国土空间，必须遵循自然规律、经济规律和社会发展规律，立足自然条件和开发现状，明确国土空间开发的指导思想、开发原则、主要目标和战略任务。浙江在推进形成主体功能区时，深入实施“八八战略”，加快转变经济发展方式，着力推进生态文明建设，统筹城乡、区域、陆海协调发展，全面实施四大国家战略举措，积极培育杭州、宁波、温州和金华—义乌都市区，构建高效、协调、可持续的国土空间开发格局，实现天更蓝、山更绿、水更清、地更净，促进人与自然和谐相处，建设物质富裕、精神富有的社会主义现代化浙江。① 因而，浙江省推进形成主体功能区，必须遵循以下开发原则。

以人为本。围绕人的全面发展，把提高全体人民的生活质量、增强可持续发展能力作为基本原则。合理引导人口分布和产业布局，使劳动力配置与经济发展需求相平衡，人口分布与资源环境承载能力相适应，劳动人口与赡养人口相匹配，逐步实现基本公共服务均等化和人民生活水平大体相当。

尊重自然。按照建设资源节约型和环境友好型社会的要求，根据国土空间的不同特点，以保护自然生态为前提、以水土资源承载能力和环境容量为基础进行有限有序开发。强化工业、城镇开发的资源环境承载能力评价，加强对生态重要地区以及生态敏感脆弱地区的保护修复，构建生态廊道和生态网络，走人与自然和谐发展的道路。

优化结构。按照加快转变经济发展方式要求，调整国土空间开发模式，加快以粗放外延扩张为主向以优化存量结构为主转变。坚持集聚集约开发，积极推进以都市区为主体形态的城市化，控制城市无序扩张，确保农业用地和生态用地，引导产业集聚发展和人口集中居住。坚持最严格的耕地保护制度，严格控制各类建设占用耕地和林地，扩大绿色生态空间。

陆海联动。注重海洋与陆域互动，把海洋资源与陆域资源有机结合起来，促进陆地国土空间与海洋国土空间协调开发，实现海陆产业联动发展、基础设施联动建设、资源要素联动配置。以保护海洋自然生态为前提，严格控制污染物入海总量，控制围填海造地规模，统筹海岛保护、开发与建设。②

按照全省国土空间开发总体格局，加快推进形成主体功能区，要着力实

① 参见浙江省人民政府于2013年8月发布的《浙江省主体功能区规划》。

② 参见浙江省人民政府于2013年8月发布的《浙江省主体功能区规划》。

施五大战略任务。

打造海洋经济发展示范区。浙江坚持以海引陆、以陆促海、海陆联动、协调发展，注重发挥不同区域的比较优势，优化形成重要海域基本功能区，构建“一核两翼三圈九区多岛”的海洋经济发展总体格局。充分利用区位和深水岸线优势，构筑大宗商品交易平台，完善集疏运网络，强化金融和信息支持，着力打造“三位一体”港航物流服务体系。依托现有海洋产业基础，扶持发展海洋新兴产业，培育发展海洋服务业，择优发展临港先进制造业，提升发展现代海洋渔业水平，健全现代海洋产业体系。加快推进浙江舟山群岛新区建设，加强体制机制创新，扩大对外开放，逐步建成我国大宗商品储运中转加工交易中心、东部地区重要的海上开放门户、海洋海岛综合保护开发示范区、重要的现代海洋产业基地、陆海统筹发展先行区。

构筑产业集聚大平台。在提升发展环杭州湾、温台沿海、金衢丽高速公路沿线三大产业带的基础上，加快建设杭州大江东、杭州城西科创、宁波杭州湾、宁波梅山国际物流、温州瓯江口、嘉兴现代服务业、湖州南太湖、绍兴滨海、金华新兴产业、衢州绿色产业、舟山海洋产业、台州湾循环经济、丽水生态产业、义乌商贸服务业等产业集聚区。大力发展战略性新兴产业、先进制造业和现代服务业，全力推动高新技术改造传统产业，统筹协调三次产业发展，构建现代产业体系。高效集聚大产业、大项目、大企业，实现集聚、集约、集群发展，打造全省区域经济发展的新增长点和参与区域竞争的制高点，有效提升浙江经济在国际分工中的地位，推动产业结构优化升级。把省级产业集聚区建设成为集产业、科技、人才为一体，第一、二、三产业相融合，人与自然相协调，新型工业化与新型城市化相结合的示范区和经济转型升级的先行区。

完善新型城市化战略格局。坚持走新型城市化道路，逐步形成区域经济优势互补、主体功能定位清晰、国土空间高效利用、人与自然和谐相处的区域发展格局。提升都市区功能，加强杭州、宁波、温州和金华—义乌都市区建设，集聚高端要素，发展高端产业，带动周边县市一体化发展。做强省域中心城市，加快嘉兴、湖州、绍兴、衢州、舟山、台州、丽水等省域中心城市人口、要素和产业集聚，把区域中心城市培育成为综合服务功能完善、集聚辐射能力强的大城市，形成城市集群化发展的格局。积极支持有条件的县级市培育成为区域中心城市。提高县城集聚能力，统筹城乡空间布局、基础设施、资源配置及综合配套改革，加快县城人口集聚、产业集中和功能集成。培育小城市和中心镇，坚持分类指导、突出重点、梯度发展的原则，分类引导和培育现代小城市、都市卫星城、专业特色镇和综合小城镇。开展小城市培育试点，全面扩大经济社会管理权限，建成一批管理水平高、集聚能力强、服务功能全的现代小城市。突出中心镇的片区中心作用，引导周边乡镇组团式发展，促进中心镇的人口集聚、空间拓展、产业转型，提升中心镇生产、流通和生活的综合功能。

构建现代农业发展格局。重点构建以标准农田为基础、以五大农业区块为主体、以粮食生产功能区和现代农业园区为着力点的全省现代农业发展格局，确保主要农产品供给安全。着力建设浙东北平原都市型农业区、浙中盆地丘陵特色型农业区、浙西南浙西北绿色生态型农业区、浙东南沿海平原外向型农业区、海域岛屿蓝色农业区五大农业区块，促进全省农业区域化布局、专业化生产、一体化经营，提升区域农业发展层次。坚守国家下达的耕地保有量、基本农田保护面积双红线，加快建设粮食生产功能区和现代农业园区，确保1500万亩标准农田、300亿斤粮食生产能力。加强水生物资源养护，加大增殖放流力度，建设东部沿海渔业资源养护带、西南山区生态渔业保护带，发展杭州湾淡水渔业主产区、甬舟海洋渔业集聚区、温台海水养殖加工产业区。

建设生态安全体系。构建以浙西南浙西北丘陵山区“绿色屏障”与浙东近海海域“蓝色屏障”为骨架，以浙东北水网平原、浙西北山地丘陵、浙中丘陵盆地、浙西南山地、浙东沿海及近岸和浙东近海及岛屿六大生态区为主体的生态安全格局。加强山区绿色生态屏障建设，强化钱塘江、瓯江、太湖等主要流域源头地区生态保护，加大自然保护区保护力度，促进生物多样性和植物种质资源保护。加强水域保护和水资源管理，严格控制入河湖排污总量。加快江河上游骨干控制性工程及配套工程建设，加强平原区域防洪排涝及沿海地区防台防潮工程建设，加强小流域、中小河流治理。推进森林扩面提质，大力发展生态公益林、珍贵树种、名特优经济林，重点加强中幼林抚育、低效林和林相改造，着力推进重点防护林体系和平原地区绿化建设，加快建设“森林浙江”。加强海洋蓝色生态屏障建设，实施入海污染物总量控制制度，加大陆源和海洋污染物的治理力度。加快海洋自然保护区、海洋特别保护区建设，实施海洋生物资源和重要港湾及重点海域生态环境恢复工程，建立健全滩涂湿地保护管理机制，不断改善近海海域生态环境。

三 空间开发格局的具体安排

首先，从浙江的国土特征和地形地貌的客观实际出发。一般来说，崇山峻岭、河流湖泊，都是宝贵的生态资源。无论是从涵养水源还是从改善气候来看，都是生态屏障。浙江陆域面积本来就狭小，仅 10.18 万平方公里，却又是“七山一水二分田”的地形地貌，一多半是动弹不得的。至于那 20 多个百分点的平原地区，已有了大量的城市和道路，还应留出足够的耕地和园地，以保障必需和最低限度的农业生产能力，用于新一轮工业化和城市化开发的国土空间。因此，从紧安排和集约用地，是必然的选择。

其次，有重点地保证全省战略决策所需的国土空间开发需求。什么是浙江省“十三五”和今后更长一个时期发展的重点呢？一是海洋经济发展示范区、舟山群岛新区、义乌国际贸易综合改革试点等国家战略实施的重点区域；二是产业集聚区、省级以上各类开发区和省级战略开发区块；三是省级中心镇和小城市试点镇的规划区；四是重点生态功能区和农产品主产区的县城规划区。这是因为这些区域就总体而言，已划为限制开发区，但必不可少的产业和人口，需要有个点状结合的开发空间来承载。

最后，充分考虑经济形态的多样性和国土面积的有限性，精细化国土空间的安排。譬如，在国家对限制开发区域仅作重点生态功能区和农产品主产区两个二级分类的同时，浙江又并列增加了一个生态经济地区的划分；又如，在国家仅以县域为基本空间单元进行划区的时候，浙江又细化增加了一个以乡镇为基本单元进行的划区。如此，浙江版的国土空间开发格局就呈现以下图景。

优化开发区域将包括长三角国家级优化开发区域浙江部分，如杭州、宁波、湖州、嘉兴、绍兴、舟山、台州等市的相关区域，还包括温州、金华、衢州、丽水等设区市主城区的相关区域。其功能定位是：带动全省经济社会发展的龙头区域、提升地区竞争力的重要区域、全省重要的人口和经济集聚区域。

重点开发区域将包括海峡西岸经济区国家重点开发区域浙江部分，如温州沿海地区。还有省级重点开发区域，主要分布在浙江沿海平原及围涂成陆地区和内陆丘陵盆地地区，包括浙江海洋经济发展示范区建设的重要区域，14 个省级产业集聚区，27 个小城市培育试点镇和 173 个中心镇的规划区，117 个省级以上各类开发区，52 个低丘缓坡建设用地重点区块，89 个开发类重要海岛。其功能定位是：浙江经济新增长极，浙江海洋经济发展示范区建设主载体，浙江重要的高新技术产业、先进制造业和现代服务业基地，浙江重要的人口和经济集聚区。

限制开发区域分为农产品主产区、重点生态功能区和生态经济地区。农产品主产区主要包括 6 个国家产粮大县，以及省级粮食生产功能区和现代农业园区。其功能定位是：保障农产品供给安全的重要区域、农民安居乐业的美好家园、现代农业建设的示范区。重点生态功能区主要包括位于浙西、浙西南丘陵山区和浙中江河源头地区的 10 个县（市）。其功能定位是：具有多种生态服务功能的重要区域、保障全省生态安全的重要屏障。

全省生态经济地区主要位于浙江内陆山地丘陵地区和浙东海岛地区，占到全省限制开发区域的一半以上。其功能定位是：保障农产品和生态产品供给的重要地区；工业化和城市化适度推进的地区；生态产业在产业结构中居于主体地位的地区。

禁止开发区域分为国家级和省级，分别为浙江境内的世界文化自然遗产、国家级自然保护区、国家级风景名胜区、国家森林公园、世界和国家地质公园；省级自然保护区、省级风景名胜区、省级森林公园、省级地质公园等，省级以上文物保护区、重要湿地及湿地公园、饮用水源保护区和海洋保护区等生态功能较为重要的区块。

第三节　构建协调发展的“三生”空间

在中国迈入生态文明的进程中，浙江无疑是十分引人瞩目的部分。作为中国生态文明的组成部分，浙江生态文明建设所取得的成绩对于其他部分的优化和提升，发挥了示范、引领的重要作用。浙江在发展理念、优化发展模式、探索发展空间等方面作了深刻的反思与摸索。可以说，浙江生态文明建设的一个重要特征是基于人民主体地位的生态空间建构。以人民为主体来建构生态空间，必然要求对资本予以引导与管控，并最终克服与超越资本逻辑，使人类的生活、生产与自然达致历史的、现实的统一，努力使资本逻辑与生态逻辑在社会主义生态文明语境中形成一种良性互动、和谐统一的关系。

一 超越资本逻辑：建构生态空间

1. 生产空间与资本逻辑

生产空间是人类最为迫切的需要。但是，在资本主义生产方式中，生产空间呈现出新的特征，例如生产空间中劳动本身的异化，生产空间局部无限集约与外部无限扩张。

扩张性与集约性是在资本主义生产方式下人类生产空间呈现的首要特征。人类的生产空间的无限扩张的过程就是资本逻辑时空展现的过程，其直接后果是造成生态逻辑循环圈的撕裂。这种撕裂表现为三个方面：工业与农业的分离对生态循环圈的撕裂、城乡分离对生态循环圈的撕裂、资本运转周期对生态循环周期的撕裂。[①] “自然界的自然力”被资本无限制地吮吸，生态循环周期被撕裂。土地无法正常恢复肥力，人与土地形成双重贫瘠之局面。城市与乡村之间的物质变换联系出现了“无法弥补的裂缝”，城市中大量消耗的由自然力生产的产品而形成“生产排泄物”和“消费排泄物”，无法正常返回到自然的生态循环中，从而造成对城市的污染和农村土地的贫瘠。[②] 前两种撕裂是资本的空间聚集造成的，第三种撕裂则是资本逻辑要求资本运行周期越短越好，从而造成生态循环链的断裂。资本逻辑的时空展现，造成了生态循环圈的撕裂和生态循环周期的撕裂，人与自然的自然力因此陷入日益贫瘠的局面。

---

① 鲁品越：《鲜活的资本论——从〈资本论〉到中国道路》，上海人民出版社 2016 年版，第 308 页。

② 《马克思恩格斯文集》第 7 卷，人民出版社 2009 年版，第 115 页。

生产空间的集约性。资本逻辑完成了空间的征服和整合，它将大量的可变资本和不变资本集聚在空间之内，最终目的在于扩大再生产，实现价值增殖。“资本塑造了一个同质化的全球空间，它使得卷入资本生产和流通过程的一切元素，无论是土地、空间、矿产等自然物质资源还是劳动主体本身，都作为资本而存在。并且一旦这些领域被资本的同一性力量所吸纳，面临的就是永不休止的破碎和重组。”① 为了实现最大化节约成本和最大化创造剩余价值，资本必须保证自身的“高效性”。实现这种效率的关键在于对时空的整合。劳动力和生产资料的极度集中，形成狭小的“生产盒子”，在最简陋的条件下创造具有巨大价值的“奢华”的产品。当然，生产空间的集约性是人类社会形成以来的内在特征，人们为了防御、繁衍、祭祀、互通有无等，不得不在一定程度上实现空间集聚。但是，我们要强调的是，资本主义的出现加速了这一过程，无数的工业城镇如“魔鬼召唤出来”一样，出现在大地之上。无数的劳动力和自然资源被区域集聚，并随着交通日益发达、信息越发便捷，这种集聚突破了区域限制，在全球范围内实现更大的流动、集聚。流动的速度越来越快，集聚的规模也越来越大。

由此可见，生产空间看似矛盾的集约性与扩张性，在资本逻辑的安排下形成了看似“合理”的统一。然而我们也能看到，生产空间的无限扩张和集约，给人和自然带来了深刻的改变，人的自然力和自然的自然力在生产空间中被资本最大化地吮吸，人生存环境的恶化与自然生态的极端破坏成为资本逻辑的必然。

2. 生活空间与资本逻辑

一般来说，生活空间主要容纳人们生理性、家庭性、社会性、情感性活动。人类是社群性生物，其生活空间也具有显著的集聚特征。自农耕文明以来，生产力不断发展，人类生活空间从散乱且流动不居转变为集聚且相对固定，即由古典宗法社会生产关系和意识形态要求而形成“中心－边缘”的空间结构。城市空间产生于农耕文明，经工业文明获得了极大发展。同时，

① 王志刚：《马克思〈政治经济学批判大纲〉中的空间思想》，《教学与研究》2015年第3期，第48页。

在资本主义生产方式下，资本及其意识形态大力推动了城市与乡村的分离，人类生活空间出现了新的特征。

其一，生活空间被生产空间挤占、同化直至丧失。工业文明催生着城市化，生产资料集聚在城市之中，吸引着边缘地带（乡村）的劳动力大量集聚在城市之中。资本逻辑吞噬了一切空间，除了在充当资本主义再生产的空间中出卖自己的劳动力之外，工人似乎无处可去。更为糟糕的情况是，劳动者的生产空间与生活空间逐渐重合。当空间也卷入资本逻辑之中，成为商品时，劳动者甚至连生存的空间都没有了。他们生活在集体宿舍，远离亲人与家乡。生产成为生活的全部，生产不仅在空间占有人，还从精神上占有人。劳动者与家庭、家乡不仅在时空上出现断裂，在情感上也产生了断裂，即亲情的疏离。“工厂劳动的时空与家庭生活、抚养子女和劳动力再生产相冲突。”① 就像马克思指出的那样，按照资本主义人类学，人类的童年在10岁时就结束了！“雇佣劳动力的形成需要工人适应某种强制性的时空制度，这种适应过程很难，因此只能通过强迫和暴力。”② 同时，工作环境空间单一，空气、水、土地都被生产废物污染，工人的健康难以保证。资本主义城市文明，并没有真正的弹性和张力来接纳这些漂泊的边缘人和异乡者，他们陷入物质与精神的双重贫困。

其二，生活空间被消费主义侵蚀。资本逻辑的增殖原则，决定着资本要全面刺激人的物质欲望，以此达到自身增殖的目的。这就需要不断扩张的生产与消费。但是，如何在一个物质普遍过剩的时代促进消费呢？资本逻辑为空间的每个角落烙上消费主义的特征，将资本主义意识形态——消费主义灌输到社会文化中。空间把消费主义（如个人主义、商品化等）的形式投射到人们全部的日常生活中去。“消费主义的逻辑成为社会运用空间的逻辑，成为日常生活的逻辑。控制生产的群体也控制着空间的生产，并进而控制着社会关系的再生产。更为重要的是，社会空间，被消费主义所占据，被分段，被降为同质性，被分成碎片，成为权力的活动中心。”③ 人们的日常生活被消费充斥，而且大部分是毫无意义的消费，人在这种异化的消费结构中

---

① ［美］大卫·哈维：《马克思与〈资本论〉》，周大昕译，中信出版集团2018年版，第212页。
② ［美］大卫·哈维：《马克思与〈资本论〉》，周大昕译，中信出版集团2018年版，第212页。
③ 包亚明：《现代性与空间生产》，上海教育出版社2003年版，第10页。

被控制和盘剥。我们处在“消费”控制着整个生活的境地。消费控制了当代人的全部生活。作为“人类的活动的产物”，这种由人自己造出来的物，形成了巨大的以消费主义为原则的空间，这个空间不仅不能实现人真正的价值，倒“反过来包围人、围困人”。

其三，生活时间被生产时间侵占。以机器大工业为主要特征的工业文明把工作日无限延长，这是由于“首先在它直接占领的工业中，成了把工作日延长到超过一切自然界限的最有力的手段。一方面，它创造了新条件，使资本能够任意发展自己这种一贯的倾向，另一方面，它创造了新动机，使资本增强了对他人劳动的贪欲”。[①] 机器不知疲倦地工作，直接导致了作为“活螺丝”的工人一直超负荷工作，直至生理极限。随着机器大规模地投入使用，机器与人的关系出现了以下新的特征。

一是出现了机器排挤人的现象。大量的工人处于“过剩状态”，“由此产生了现代工业史上一种值得注意的现象，即机器消灭了工作日的一切道德界限和自然界限。由此产生了经济学上的悖论，即缩短劳动时间的最有力的手段，竟变为把工人及其家属的全部生活时间转化为受资本支配的增殖资本价值的劳动时间的最可靠的手段”[②]。

二是机器奴役人。卢卡奇认为，在资本主义社会中，“由于劳动过程的合理化，工人的人的性质和特点与这些抽象的局部规律按照预先合理的估计起作用相对立，越来越表现为只是错误的源泉”[③]。人在主观上和客观上都无法成为合理化的劳动过程的主人，其属于机械化的一部分，“不管愿意与否必须服从于它的规律”。人对越来越合理化和机械化的劳动过程，形成了一种“直观”的态度。这种直观的态度直接造成了“劳动时间空间化”，时间变成了一个刻度均匀的容器，“时间失去了它的质的、可变的、流动的性质：它凝固成一个精确划定界限的、在量上可测的、由在量上可测的一些‘物’（工人的物化的、机械地客体化的、同人的整个人格完全分开的‘成果’）充满的连续统一体，即凝固成一个空间”。[④] 在这个“空间”中，时

① 《马克思恩格斯文集》第5卷，人民出版社2009年版，第463页。

② 《马克思恩格斯文集》第5卷，人民出版社2009年版，第469页。

③ ［匈］卢卡奇：《历史与阶级意识》，商务印书馆1992年版，第150页。

④ ［匈］卢卡奇：《历史与阶级意识》，商务印书馆1992年版，第151页。

间就是一切，人不再成为主体，而是可以被时间尺度精确测量的、可代替的时间的体现。

3. 生态空间与资本逻辑

众所周知，人的生产空间与生活空间不可能脱离生态空间而独立存在。正是人的劳动与自然界的互动关系，才将原来中立的自然界转换成具有价值属性和社会属性的生产空间与生活空间，从而形成了人类赖以生存的生态空间。从“人们自己开始生产他们所必需的生活资料的时候（这一步是由他们的肉体组织所决定的），他们就开始把自己和动物区别开来。人们生产他们所必需的生活资料，同时也就间接地生产着他们的物质生活本身”。[①] 也就是说，人们开始生产“物质生活”，意味着人们开始有意识地进行空间生产。生产空间和生活空间存在普遍性的矛盾，这些矛盾在生态空间中展现、集聚、纠缠，以至于生态空间出现了新特征。

生态空间的物化。不断发展着的人类生产力，提升着人类在与自然相处时的主动性。作为诗性符号空间的自然界逐渐成为被统治、被征服的客体，从而陷入被加工、塑造和改变的境地。资本逻辑下，物化劳动将人与自身、人与对象的关系统统物化，物化成了人与人的社会关系和人与自然的关系的普遍性命运。生态空间原初意义上的弹性与张力、诗性与灵动在资本逻辑裹挟下，与人一起，被物化、僵化、异化。人们已经难以从钢筋水泥的森林中寻找到生命的意义（或者说真正的意义），当然，人们也越来越没有这种闲暇来思考此类问题。毕竟，他们脑海中的意识也已然被“物化”，在“物化意识”的驱使下，他们为自己的物化而时刻不息地奔波着。人类创造的生态空间成为一个异化的存在，它早已获得一种“独立性”，独立于人之外，并快速发生着“合目的”（增殖的目的）、“合规律”（资本规律）的形态演进。它看起来是理性的、完美的，能够将人类带向“应许之地”。然而，这样一个看似理性、完美的空间之中，人及其社会关系早已失却了主体价值，而让位于永恒的资本逻辑。上述的主体沦为创造价值的工具，并在被使用中发生“损耗”与“折旧”，例如人的贫困与生态的恶化。

① 《马克思恩格斯全集》第3卷，人民出版社1960年版，第24页。

"时间是人类发展的空间。"① "时间实际上是人的积极存在，它不仅是人的生命的尺度，而且是人的发展的空间。"② 然而，在资本逻辑之中，剩余劳动时间成了对工人精神生活和肉体生活的侵占。人与自然被纳入资本逻辑的时空之中，这是一种资本独创的时间逻辑，它完全服从资本逻辑的根本原则。这样，人与自然就丧失了作为自由主体原有的时间逻辑，人的自然生命周期被纳入资本逻辑之中，变成了一种"再生产的劳动力"和"产业后备军"，人口繁衍的速度与质量更多地取决于资本逻辑。剩余人口的生产与调控成为战略性因素。同时，在资本主义的合理化劳动过程中，"工人不过是人格化的劳动时间"③，在均匀的时间容器中，被精准地予以标价和刻度。时间不再是人类发展的空间，而是成为简单的价值天秤，称量着人的劳动价值。生命的价值在于能够奉献出多少被刻度化的"时间"。人的整个生命时间对于其自身来说，是破碎、离散、虚无的，他用自然生命创造出的价值不仅不属于他自己，反而成为驾驭他、支配他的客观物质，他自身生命的时间则显得苍白且毫无价值。正如马克思指出的，"一个人如果没有一分钟自由的时间，他的一生如果除睡眠饮食等纯生理上的需要所引起的间断以外，都是替资本家服务，那末，他就连一个载重的牲口还不如"④。

自然界也难以摆脱资本逻辑的共时性枷锁。资本逻辑不仅"通过资本的空间集聚状态打断生态循环链，而且通过资本运行的时间周期打破生态系统的时间周期，由此造成生态循环链的断裂"⑤。可见，资本逻辑不仅在空间上与生态逻辑直接对立，在时间上的对立也尤为明显。"资本逻辑要求在较短的资本运转周期中通过吮吸森林的自然力来实现增殖，而这个周期必然打断林业的漫长的自然生态周期，于是形成了对森林生态环境的破坏。而资本如果按照森林的自然周期来运行又会面临破产的命运。"⑥ 资本

① 《马克思恩格斯选集》第2卷，人民出版社1995年版，第90页。
② 《马克思恩格斯全集》第47卷，人民出版社1979年版，第532页。
③ 《马克思恩格斯文集》第5卷，人民出版社2009年版，第281页。
④ 《马克思恩格斯选集》第2卷，人民出版社1972年版，第195~196页。
⑤ 鲁品越：《鲜活的资本论——从〈资本论〉到中国道路》，上海人民出版社2016年版，第310页。
⑥ 鲁品越：《鲜活的资本论——从〈资本论〉到中国道路》，上海人民出版社2016年版，第310页。

逻辑下的生产力扩张，是建立在几十万年以来积累下来的自然资源基础上的。这种自然积累意味着“生态过程往往有着各种时间周期，其发生也常常带有非线性的特征”。而且，我们也会轻而易举地发现“各种时序具有完全不同的特征”。但是，资本逻辑预设了一种时间结构，这种时间结构是“人类在经济计算中所用到的线性式和递进式的牛顿化的时间概念”[①]，它与生态行为中的时序周期存在根本的冲突。资本逻辑的时间结构打乱了一切自然资源的自然时序，将自然资源纳入自己的时间结构中，在有限环境内追求无限增长，在有限时间内追求永恒增长，“资本主义的大量生产、大量消费、大量废弃，正在导致全球性的生态危机”[②]。

总之，人类生产与生活活动共同形成了生态空间。当资本逻辑深层次地变革了人类的生产活动和生活活动后，人类所创造的生态空间也无可避免地被置于资本逻辑的控制之下，从而失去了原初的张力与诗性，充斥着“破坏性的增长”。这种破坏表现为资源的消耗、物种的消失、气候的恶化、水源的污染等整体性生态危机。资本逻辑并未创造出一个彰显人主体价值的空间。资本逻辑建构起来的空间的核心原则是效用原则和增殖原则，人的主体价值变得不可触碰和模糊不清。在这个空间中，人的价值被遮蔽与消解，仅仅作为资本“攻城略地”时的虚伪口号而存在。

二 人民主体：建构生态空间的根本考量

满足人民对于生态空间的需求是浙江省建构生态空间的根本考量。人类的生产活动和生活活动是生态空间得以形成的关键因素。因此，构建生态空间，必须从人的生产生活对于空间的需求出发。这就要求我们在构建生态空间之时，应将人民作为价值主体，而不是追求资本的利润最大化。只有以人民为价值主体，才能合理安排、规划生产空间、生活空间以及二者综合而成的生态空间，才能避免资本逻辑所引发的人与自然的双重贫乏。发展经济是为了民生事业，保护环境也具有相同目的。以人民为价值主体，就

---

① ［美］大卫·哈维：《世界的逻辑》，周大昕译，中信出版社 2017 年版，第 196 页。
② 陈学明：《谁是罪魁祸首——追寻生态危机的根源》，人民出版社 2012 年版，第 10 页。

可以有效消除发展经济与保护环境之间的矛盾与对立，实现人民对美好幸福生活的向往。目前，浙江人均可支配收入超过7000美元，城乡居民收入居全国前列。人民不再仅仅满足于物质需求，还更多地关注精神文化、生态环境需要的满足。人民对生产（工作）空间、生活空间以及最终形成的生态空间的需求，从以物质需求为主向追寻人与自然和谐共生转向。浙江建构生态空间必须以人民对于空间的价值诉求为基本前提，这是合规律性和合目的性的统一。

人民是浙江建构生态空间的根本动力。浙江建构生态空间，必须满足人民需求、体现人民意愿、依靠人民意志。说到底，人民是历史的创造者。浙江全体人民勠力同心、大胆开拓，取得了辉煌的经济成就、开创了浙江勇立潮头的大好局面。浙江人民已经成为建设生态文明的根本性依靠力量，成为浙江建构生态空间的根本动力。人民创造历史，人民也创造空间，人民是时空的主人。建构生态空间，涉及每一个生命个体的生存境地和发展空间。空间变化不仅仅是物理空间的变动，更应该将其视为一个系统性的结构调整。例如，生产空间的合理集聚，不仅在物质空间能够有效提高生产效率、创造利润与财富，还能有效保护自然生态环境，甚至对城市文明发展也起着举足轻重的作用。每个个体都受到空间变化的影响。既然如此，尊重人民的主体地位、发挥人民的主体作用，是我们构建生态空间的根本动力。发挥亿万人民的积极性和创造性，使生态空间的建构成为可能。

人民是浙江建构生态空间的价值旨归。我们不能一味追求人的价值，而忽视自然的价值、侵占自然的发展空间；也不能为了保护自然的价值，而限制人自由而全面的空间。这种人与自然的价值对立，是迄今为止我们目之所及的生态危机形成的深层次原因。因此，从社会主义生态文明的内涵来看，生态空间与人的发展空间应该是一种逻辑互洽的关系。人民推动着生产力的变革，创造了源源不断的社会财富。人民在享有社会财富的同时，也对良好的生态空间有最为深切的渴望。因而，人民的价值与生态的价值是和谐统一的。进而，可以认为，在社会主义生态文明的视域中，人民的发展空间与自然的发展空间是并行不悖、和谐共生、美美与共的。由此，人民应当是浙江建构生态空间的价值旨归。

三 现代化诗画浙江：浙江建构生态空间的美丽愿景

改革开放40多年来，市场经济为浙江的经济发展插上了腾飞的翅膀。但是我们也看见，浙江作为奔向现代化的领头羊，也率先遭遇到“成长的烦恼”——经济快速增长与环境不断恶化的矛盾。在肯定市场的决定性作用的同时，也应该警惕资本的逐利本性，以及资本逻辑对人民赖以生存的生态空间的异化。因此，如何在生态文明建设中，对人民群众生存其中的空间进行合理的、能够满足价值主体需要的规划与安排，已成为浙江生态文明建设面临的一个重大课题。一方面，资本逻辑下人类空间日益呈现工具化、目的化、政治化、单极化等趋势，这是创造生态文明必须超越的关隘。人民主体性及其需求被遮蔽和消解，人民群众的生活空间不断被侵占、生产空间不断异化。另一方面，作为价值主体的人民在空间上主要表现为三类需求形式，即生活空间、生产空间、生态空间。生态文明的空间安排必须合理满足人类三大空间需求，凸显人民主体价值，进而实现人自由而全面的发展。

1. 空间立法为现代化诗画浙江功能分区提供坚强保障

物质空间具有多样性特征，例如海拔高度、地形地貌、气候特征、矿产组成、水力资源、土壤资源、植被资源、人口密度、发展程度、环境容量等方面存在显著差异。这就需要我们对不同的空间进行具体化规划。这种具体化规划，有赖于以生态文明为原则、以政府规章为保障、以人民需求为前提的生态主体功能区的划定。省域国土空间总体规划具有立体性、顶层性、综合性的特征，编制好该规划，有利于破解空间资源供需矛盾的问题，打好节约集约用地、空间换地这场硬仗；有利于破解生产、生活、生态三大空间布局不够科学、衔接不够紧密的问题，有效实施边界管控、指标管控和区域管控；有利于破解专项规划各自为战、群龙无首的问题，实现多规融合。

在规划和落实主体功能区方面，浙江始终走在全国前列。将省域空间主要分为四个区域：优化开发区域、重点开发区域、限制开发区域、禁止开发区域。建立和完善主体功能区划的管理机制。编制全省主体功能区划规划，协调各类空间规划和专项规划，提高空间资源配置的总体效率。逐步建立以主体功能区划为基础的差别化区域开发政策，着力探索重要资源环境的统筹配置机制，完善相应的生态补偿机制。

优化开发区域主要包括环杭州湾和温台地区高速公路沿线城镇密集区，以及金衢丽地区开发强度较高的城区。主要任务是优化城镇与产业空间布局，提高整体开发效益。提升中心城市服务和创新功能，着力打造现代服务业和高新技术产业集聚区，严格限制低水平盲目开发和空间扩张；加快卫星城镇培育，吸纳中心城区产业和人口的合理转移；构建城市（镇）间生态廊道和绿色开敞空间，形成布局合理、功能互补、产业优化、设施先进、环境优美的城市群。

重点开发区域主要包括国家级和省级开发区（园区）、城市新兴工业功能区块，环杭州湾和温台沿海地区港口物流和临港工业发展区，金衢丽地区具有开发前景的低丘缓坡和河谷盆地。主要任务是实现高起点的规划与建设，推进工业化和城市化，承接国际先进制造业和现代服务业转移，发展前景广阔的新兴产业，加快人口的有效集聚，力争形成若干新的产业高地和城市新区。

限制开发区域主要包括森林覆盖地区、江河水系源头地区、重要湿地生态系统等生态环境脆弱地区和生态功能保护区。主要任务是强化生态环境保护与整治，着力引导人口和产业向重点开发区域和优化开发区域转移，精心选择少数条件较好的陆域和海岛进行点状式集约开发，发展特色优势产业。

禁止开发区域主要是指依法设立的自然保护区和具有特殊保护价值的地区。主要任务是依据法律法规实行强制性保护，严禁不符合规定的开发活动。

浙江把城市群作为推进城市化的主体形态，培育杭、甬、温三大都市经济圈，推进浙中城市群的资源整合和经济融合。根据区位条件和资源环境承载能力，建设分工合理、优势互补、特色鲜明的环杭州湾、温台沿海、金衢丽高速公路沿线三大产业带。重视保护和合理开发浙西南、浙西北丘陵山区与浙东沿海近海海域，形成以主要森林资源和重要江河源头保护区为重点的“绿色屏障”，以海洋自然保护区和海洋特别保护区为重点的“蓝色屏障”。

2. 大湾区建设为现代化诗画浙江提供新引擎

在未来的空间规划中，浙江进一步提出“大湾区大花园大通道建设”，对全省空间格局进行进一步总体考虑，从顶层设计上统筹全省生产、生活、生态空间规划。其中，大湾区理念集中反映了现代化浙江的未来空间特征。大湾区建设突出环杭州湾经济区，联动发展甬台温临港产业带和义甬舟开放大通道，打造成“绿色智慧和谐美丽的世界级现代化大湾区”，建设“全国现代化建设先行区、全球数字经济创新高地、区域高质量发展新引擎”。

大湾区建设必须全方位把握建设原则。坚持突出重点，有序推进，把环杭州湾经济区作为大湾区建设的重点。坚持交通先行，一体发展，特别是轨道交通和综合枢纽，以交通一体化支撑区域发展一体化。坚持优化环境，创新引领，从制度、科技、生态、人文等方面营造国际一流的营商环境，集聚国际高端要素。坚持平台支撑，项目带动，将打造科创大走廊和产城融合的现代化新区作为启动大湾区建设的重要抓手。

大湾区建设必须从多层面优化生产力布局。宏观层面，总体布局是“一环、一带、一通道”，即环杭州湾经济区、甬台温临港产业带和义甬舟开放大通道。中观层面，构筑“一港、两极、三廊、四新区”的空间格局。“一港”指高水平建设中国（浙江）自由贸易区，“两极”是要增强杭州、宁波两大都市区辐射带动作用。“三廊”指要加快建设杭州城西科创大走廊、宁波甬江科创大走廊、嘉兴G60科创大走廊。“四新区”指要谋划打造杭州江东新区、宁波前湾新区、绍兴滨海新区、湖州南太湖新区。

为推进大湾区建设，浙江将分领域实施专项行动。聚焦产业、创新、城市、交通、开放、生态六大重点领域，实施六大建设行动，即现代产业高地建设行动、“互联网+”科创高地建设行动、现代化国际化城市建设行动、湾区现代交通建设行动、开放高地建设行动、美丽大湾区建设行动。

3. 大花园建设为现代化诗画浙江增添美丽底色

大花园是自然生态与人文环境的结合体、现代都市与田园乡村的融合体、历史文化与现代文明的交汇体，是全省统筹保护与开发、推进绿色发展的新载体。大花园建设，是以衢州丽水为核心，将大花园建设作为现代化诗画浙江的本色。到2022年，浙江致力于实现“三个打造”。第一，打造全国领先的绿色发展高地。进一步推进绿色产业发展、资源利用效率和清洁能源利用水平位居全国前列，节能环保产业总产值达到1.2万亿元。第二，打造全球知名的健康养生福地。青山碧海、蓝天清风、净水美食、崇文尚学的康养福地全面建成。人均预期寿命达到78.7岁，基本养老保险参保率达到92%。第三，打造国际有影响力的旅游目的地。全面建成“诗画浙江”最佳旅游目的地，旅游业总收入突破1.5万亿元，入境人数突破1800万人次。形成全域大美格局，建成现代版的富春山居图。到2035年，建成绿色美丽和谐幸福的现代化大花园。

大花园建设实施五大工程。（1）生态环境质量提升工程。重点是严守生态安全，严格产业准入，打好污染防治攻坚战，统筹推进山水林田湖草生态保护与修复，确保到2022年全省林木蓄积量达到4.2亿立方米。（2）全域旅游推进工程。重点是打造国际知名旅游品牌、提升重点旅游区能级。到2022年，全省5A级景区力争达到25家、国家级旅游度假区10家以上，百城、千镇、万村成为A级景区。建设和打造“七带一区”等：浙闽皖赣国家生态旅游协作区、唐诗之路黄金旅游带、浙西南生态旅游带、大运河（浙江）文化带、佛道名山旅游带、浙中影视文化旅游带、浙北精品旅游带、海湾海岛旅游带。（3）绿色产业发展工程。重点是增强绿色安全农产品供给能力，推动制造业绿色化发展，实施循环经济“991”行动计划升级版，培育发展幸福产业，打造山海协作工程升级版等。（4）基础设施提升工程。重点是建设大型国际综合客运枢纽，完善山区快捷通道网络，推进美丽交通网络建设。依托全省山脊、山谷、海岸、河流等自然廊道，结合各地特色文化，推进大花园万里绿道网建设，把骑行绿道打造成共享大花园建设成果的普惠线。（5）绿色发展机制创新工程。重点是构建“多规合一”空间规划体系，改革生态环境监管体制，探索生态产品价值实现机制，健全绿色金融体系，完善城乡融合机制，完善绿色政绩考核和问责制度等。

4. 大通道建设为实现现代化诗画浙江提速

交通是空间范围内生产要素有序、有效流动的关键。要实现浙江的城市群发展、山海协作规划、陆海联动战略、现代化诗画浙江美丽愿景，必须进行大通道建设。大通道建设，要突出三大通道、四大枢纽、“四港”融合，统筹推进现代综合交通运输体系建设。浙江省的大通道建设主要围绕以下几个方面。

（1）聚力构建“三个1小时”交通圈

到2022年，基本建成省域1小时交通圈、市域1小时交通圈和城区1小时交通圈；基本建成标准化、网络化、智能化的现代物流体系；构建陆海空多元立体、无缝对接、安全便捷、绿色智能的现代交通运输网络；率先基本实现交通运输现代化。到2035年，90%以上的县（市）通高铁、有机场，在全国率先建成现代化的交通强省。

（2）聚力实施五大建设工程

第一，开放通道建设工程。构建以义甬舟为主轴，向东连通海上丝绸之路，向西连接丝绸之路经济带和长江经济带，以货运为主“一轴两辐射”的开放通道，促进全省东西陆海双向大开放。第二，湾区通道建设工程。构建北向引领环杭州湾经济区创新发展，南向服务甬台温临港产业带建设，形成“一环一带”客货并重的综合交通运输网络。到2022年建成湾区城际（市域）铁路350公里，新增杭州、宁波地铁运营里程300公里，建成都市区内部1小时通勤圈。第三，美丽通道建设工程。构建以客运为主的“A”字形美丽通道。推动实现4A级以上景区、省级以上旅游度假区、省级特色小镇等区域基本通达二级以上公路，建成2万公里的“畅、安、舒、美、绿”美丽经济交通走廊带。第四，四大枢纽建设工程。加快建设杭州、宁波、温州和金义四大都市区国际性、全国性综合交通枢纽，促进多种交通方式综合集成发展，优化枢纽站场布局，提升综合交通枢纽换乘换装和信息共享水平。第五，“四港”融合建设工程。推动海港、陆港、空港和信息港“四港”融合发展，提升客运和货运两大系统的服务效率和水平，推动物流数字化转型，加快完善高效便捷、多式联运的运输服务体系。

（3）聚力建设一批重大交通项目

总体要求：完工建成一批、开工建设一批、前期谋划一批。突出重中之重项目，集中精力推动建设沪嘉甬铁路、杭温铁路、金甬舟铁路、杭绍甬智慧高速公路、铁路杭州西站枢纽等大通道10大标志性项目，形成“五年项目清单+重大标志性项目+年度推进项目清单”的整体项目推进体系。

第　四　章

城乡统筹与美丽浙江建设

最近几年，浙江大力推进以人为核心的新型城市化，杭州、宁波、温州、金义四大都市区综合实力持续增强，大、中、小城市和小城镇面貌明显改善。深化“千村示范、万村整治”工程，持续推进美丽乡村建设，城乡相向而行、融合发展，城乡居民收入倍差从2.37缩小到2.07。26个欠发达县集体“摘帽”，绝对贫困现象全面消除。生态文明建设扎实推进，生态环境质量显著改善，水体黑、臭、脏等感官污染全面消除，空气优良天数明显增加，江南水乡风光更加秀美，城乡区域发展更加协调。

第一节　积极推进大花园建设

2013年4月2日，习近平总书记在参加首都义务植树活动时的讲话中强调，“全社会都要按照党的十八大提出的建设美丽中国的要求，切实增强生态意识，切实加强生态环境保护，把我国建设成为生态环境良好的国家”。[①] 浙江是林业大省，2017年全省森林覆盖率达到61.17%，在全国名列前茅。近年来，浙江积极推进大花园建设，开展了统筹城乡生态改革的新探索。

一　积极推进大花园建设的背景

2017年6月12日，浙江省第十四次党代会胜利召开，浙江省委书记车

---

① 《习近平谈治国理政》，外文出版社2014年版，第207页。

俊做了题为《坚定不移沿着“八八战略”指引的路子走下去 高水平谱写实现“两个一百年”奋斗目标的浙江篇章》的报告，报告既回顾了过去五年来浙江改革发展所取得的成就，也定下了未来五年浙江改革发展的奋斗目标，同时下达了未来五年改革发展的主要任务。“两个一百年”奋斗目标的浙江篇章正式拉开大幕，扬帆起航。报告着重强调了要“着力推进生态文明建设。深入践行‘绿水青山就是金山银山’的理念，大力开展‘811’美丽浙江建设行动，积极建设可持续发展议程创新示范区，推动形成绿色发展方式和生活方式，为人民群众创造良好生产生活环境”。围绕全方位推进环境综合治理和生态保护以及大力建设具有诗画江南韵味的美丽城乡两点统筹推进。在大力建设具有诗画江南韵味的美丽城乡之时正式提出谋划实施“大花园”建设行动纲要，使山水与城乡融为一体、自然与文化相得益彰，支持衢州、丽水等生态功能区加快实现“绿色崛起”，把生态经济培育成为发展的新引擎。“大花园建设”被正式提上日程。2018 年 6 月 14 日，浙江省政府召开全省大花园建设动员部署会。会议提出大花园建设要在 2018 年开好局，在 2022 年走前列，在 2035 年建成样板，深入推进高质量建设“诗画浙江”各项工作，加快打造“幸福美好家园、绿色发展高地、健康养生福地、生态旅游目的地”。明确表示建设范围为浙江全省，核心区是衢州市、丽水市。预计 2018 年共实施大花园建设重点 140 个，总投资 1. 25 万亿元。大花园建设的目标、区域、核心、项目投资等各方面工作已经基本确定。一幅诗画江南韵味的美丽城乡建设图景正式展开。大花园建设奋斗目标的提出，不是一时的心血来潮，更不是一句简单的口号，而是浙江省委、省政府秉持浙江精神，干在实处、走在前列、勇立潮头的真实写照。也是建设“富强、民主、文明、和谐、美丽”的社会主义现代化强国“浙江样板”的重要举措。

1. 大花园建设的重要理论背景

第一，“八八战略”。2003 年 12 月 22 日浙江省委十一届五次全会召开，习近平同志以《发挥“八个优势”深入实施“八项举措”扎实推进浙江全面、协调、可持续发展》为题向全会做报告。提出了面向未来发展的八项举措，即进一步发挥八个方面的优势、推进八个方面的举措，这个报告的决策部署简称“八八战略”。由此，浙江开启了以“八八战略”为指导思想的生动实践，也开启了“美丽浙江”建设的崭新路径。“八八战略”主要内容是：（1）进一步发挥浙江的体制机制优势，大力推动以公有制为主体的多种所有制经济共同发展，不断完善社会主义市场经济体制。（2）进一步发挥浙江的区位优势，主动接轨上海、积极参与长江三角洲地区交流与合作，不断提高对内对外开放水平。（3）进一步发挥浙江的块状特色产业优势，加快先进制造业基地建设，走新型工业化道路。（4）进一步发挥浙江的城乡协调发展优势，统筹城乡经济社会发展，加快推进城乡一体化。（5）进一步发挥浙江的生态优势，创建生态省，打造“绿色浙江”。（6）进一步发挥浙江的山海资源优势，大力发展海洋经济，推动欠发达地区跨越式发展，努力使海洋经济和欠发达地区的发展成为浙江省经济新的增长点。（7）进一步发挥浙江的环境优势，积极推进基础设施建设，切实加强法治建设、信用建设和机关效能建设。（8）进一步发挥浙江的人文优势，积极推进科教兴省、人才强省，加快建设文化大省。“八八战略”中的第四条、第五条关于浙江城乡协调发展的优势以及浙江的生态优势，特别是打造“绿色浙江”的举措为今日的大花园建设提供了先行理念。

第二，“绿水青山就是金山银山”。“绿水青山就是金山银山”是时任浙江省委书记习近平同志于2005年8月15日在浙江湖州安吉考察时提出的科学论断。之后他又进一步阐述了绿水青山与金山银山之间三个发展阶段的问题。习近平同志的科学论断，充分体现了马克思主义的辩证观点，系统剖析了经济与生态在演进过程中的相互关系，深刻揭示了经济社会发展的基本规律，也为浙江大花园建设提供了先行的、科学的理论支撑。2017年10月18日，习近平同志在党的十九大报告中指出，坚持人与自然和谐共生。必须树立和践行“绿水青山就是金山银山”的理念，坚持节约资源和保护环境的基本国策，像对待生命一样对待生态环境，统筹山水林田湖草系统治理，实行最严格的生态环境保护制度，形成绿色发展方式和生活方式，坚定走生产发展、生活富裕、生态良好的文明发展道路，建设美丽中国，为人民创造良好生产生活环境，为全球生态安全做出贡献。“绿水青山就是金山银山”实现了“从卖矿石到卖风景，从靠山吃山到养山富山”理念和实践的转变。美丽风光变身为美丽经济，生态红利催生自觉行动；久久为功谋求发展，生态引领全域提升。

第三，“两美”浙江。2014 年 5 月 23 日，浙江省委十三届五次全会通过《中共浙江省委关于建设美丽浙江 创造美好生活的决定》。该决定指出，建设美丽浙江、创造美好生活，是建设美丽中国在浙江的具体实践，也是对历届省委提出的建设绿色浙江、生态省、全国生态文明示范区等战略目标的继承和提升。“两美”浙江要坚持生态省建设方略，把生态文明建设融入经济建设、政治建设、文化建设、社会建设各个方面和全过程，形成人口、资源、环境协调和可持续发展的空间格局、产业结构、生产方式、生活方式，建设富饶秀美、和谐安康、人文昌盛、宜业宜居的美丽浙江。“两美”战略是“两富”战略的深化和提升。“两美”是对“绿水青山就是金山银山”发展理念的传承，是新一届浙江省委“照着这条路走下去”的最新实践发展，是一场定力与创新的竞赛。“两美”浙江的提出意味着，在党的十八大提出“美丽中国”建设后，浙江再一次用实际行动展现出“干在实处、走在前列”的政治担当、历史担当和责任担当。建设“两美”浙江，是浙江做出的最新求解；打好转型升级组合拳，则是浙江打通“绿水青山”和“金山银山”新通道的主要手段。“两美”浙江由浙商回归、“五水共治”、“三改一拆”、“四换三名”、“四边三化”、“一打三整治”、创新驱动、市场主体升级、小微企业三年成长计划、七大产业培育“十招拳法”组成，突出问题导向和效果导向，坚持强优、挖潜、转劣一同实施，坚持引领、倒逼、助推一道发力，坚持制度、能力、作风一体建设，既是对“四个全面”战略布局的贯彻落实，也是对“八八战略”的传承和发扬。

2. 大花园建设的前期实践举措

大花园建设是浙江富民强省十大行动计划的重要组成部分。大花园是现代化浙江的普遍形态和底色，是自然生态与人文环境的结合体、现代都市与田园乡村的融合体、历史文化与现代文明的交汇体，彰显生态环境之美、产业绿色之美、人文韵味之美、生活幸福之美、创新活力之美。

大花园的建设范围为全省，核心区是衢州市、丽水市。大花园建设的目标是到 2022 年，把全省打造成全国领先的绿色发展高地、全球知名的健康养生福地、国际有影响力的旅游目的地。形成“一户一处景、一村一幅画、一镇一天地、一城一风光”的全域大美格局，建设现代版的“富春山居图”；到2035年，全省生产空间集约高效，生活空间宜居适度，生态空间山清水秀，生态文明高度发达，绿色发展的空间格局、产业结构、生产生活方式全面形成，建成绿色美丽和谐幸福的现代化大花园。

大花园建设将以绿色产业为基础、以美丽建设为载体、以交通建设为先导、以平台项目为支撑、以改革创新驱动为实施路径，重点开展生态环境质量提升、全域旅游推进、绿色产业发展、基础设施提升、绿色发展机制创新五大工作任务。

第一，“千村示范、万村整治”工程。“八八战略”提出推进生态浙江和绿色浙江建设，部署了“千村示范、万村整治”工程，2003年6月，在时任浙江省委书记习近平同志的倡导和主持下，以农村生产、生活、生态的“三生”环境改善为重点，浙江在全省启动“千万工程”，开启了以改善农村生态环境、提高农民生活质量为核心的村庄整治建设大行动。开启环境污染整治行动，引领浙江走进生态文明建设的新时代。契合“八八战略”的“千村示范、万村整治”工程是浙江“绿水青山就是金山银山”理念在基层农村的成功实践。“千万工程”，造就了浙江省万千美丽乡村，取得了显著成效，带动浙江乡村整体人居环境领先全国。作为一项“生态工程”，“千万工程”既保护了“绿水青山”，又带来了“金山银山”，使众多村庄成为绿色生态富民家园，也形成了经济生态化、生态经济化的良性循环。2018年9月，浙江省“千村示范、万村整治”工程被联合国授予“地球卫士奖”中的“激励与行动奖”。这也为大花园建设的开启提供了重要基础保障。

第二，“五水共治”。“五水共治”是指治污水、防洪水、排涝水、保供水、抓节水这五项。“五水共治”作为一项“惠民工程”是一举多得的政策，既扩投资又促转型，既优环境更惠民生。从政治的高度看，治水就是抓深化改革惠民生。从经济的角度看，治水就是抓有效投资促转型。从文化的深度看，治水就是抓现代文明树新风。从社会的维度看，治水就是抓平安稳定促和谐。从生态的尺度看，治水就是抓绿色发展优环境。“五水共治”让“美丽浙江”建设再升级，让“绿水青山就是金山银山”的绿色发展理念有了可靠保障。让“两美”浙江建设有了抓手。抓住“五水共治”这个“牛鼻子”，也就抓住了“绿水青山”与“金山银山”辩证关系的关键环节，找到了解决新问题、实现新发展的突破口。

第三，“811”美丽浙江建设行动。“811”这个名字为浙江人民所熟知。浙江已经用前三轮“811”行动，在之江大地描绘出了一幅渐进发展的生态文明画卷。2016年7月浙江出台《“811”美丽浙江建设行动方案》。开启第四轮“811”专项行动，该方案成为“美丽浙江”建设行动的指南。新一轮“811”行动引入“建设美丽浙江、创造美好生活”的“两美”理念，首次提出“绿色经济”“生态文化”“制度创新”等新概念，使这部绿色发展的指南书愈加厚重。新一轮的“811”专项行动目标更高，就是要满足群众美好向往；措施更实，涵盖11项专项行动保障；特色更浓，首提“生态文化培育”。

第四，“万里绿道网”工程。2014年4月，浙江省委、省政府召开了全省新型城市化工作会议，省委主要领导在会上指出，要深入推进绿道网建设，到2020年建成5500公里绿道，形成省域“万里绿道网”，并写入了当年省委、省政府出台的《关于深入推进新型城市化的实施意见》。2012～2014年，浙江已累计建成各级绿道2000多公里。根据到2020年建成5500公里的建设目标，全省每年要建成绿道1000公里以上。“万里绿道网”工程明确了绿道建设的标准，提出要突出自然风貌和生态文化，多用本地优良的乔灌花草和特色植物，少用名贵外来树种，路面铺设尽量就地取材，采用木、石、砂土等天然环保和生态节能材料，彰显绿道的“绿色”理念。

第五，“四边三化”行动。“四边三化”行动是指浙江省委、省人民政府提出的，在公路边、铁路边、河边、山边等区域（简称“四边区域”）开展洁化、绿化、美化行动，简称“四边三化”行动。该项行动是深入贯彻落实科学发展观，全面实施“八八战略”和“创业富民、创新强省”总战略，按照建设“物质富裕、精神富有”的现代化浙江的总体要求，以建设“富饶秀美、和谐安康”的生态浙江为目标，以提升人民群众生活品质为根本，以实施“811”美丽浙江建设为契机，坚持政府主导、全民参与，因地制宜、城乡统筹，综合整治、长效管理，全面整治“四边”区域环境问题，建立健全“四边三化”长效机制，不断改善城乡环境面貌，努力推动经济社会可持续发展。

二 大花园建设的制度举措

1. 衢州市大花园建设行动纲要

《衢州市大花园建设行动纲要》是落实浙江大花园建设两个核心区的重要制度举措之一。实行每季一督查、半年一总结、全年一考核，确保各项工作全面落实。它是衢州未来发展的总战略、总方向和总目标。其指导思想是高举习近平新时代中国特色社会主义思想伟大旗帜，全面贯彻党的十九大精神，坚定不移沿着“八八战略”指引的路子走下去，坚定不移把“绿水青山就是金山银山”理念践行下去，大力弘扬红船精神、浙江精神，紧紧围绕“活力新衢州、美丽大花园”，全面推进交通先导、城市赋能、产业创新三大战略举措，扎实开展“绿水青山就是金山银山”实践示范区和绿色金融改革创新试验区创建，积极探索“绿水青山就是金山银山”转化路径、机制和模式，努力把生态经济培育成为发展的新引擎，努力使衢州成为大湾区的战略节点、大花园的核心景区、大通道的浙西门户、大都市区的绿色卫城，全方位推进其高质量发展，为使其成为全省经济发展新的增长点和新的特色亮点、与全省同步实现“两个高水平”奠定坚实基础。工作目标是到2022年，基本构筑“国家公园＋美丽城市＋美丽乡村＋美丽田园”的空间形态，基本达到“生产空间集约高效、生活空间宜居适度、生态空间山清水秀”的建设要求，基本实现“大花园＋大平台”“目的地＋集散地”的功能定位，努力成为“诗画浙江”中国最佳旅游目的地和世界一流生态旅游目的地，使“绿水青山”源源不断地转化为“金山银山”，彰显生态环境之美、产业绿色之美、人文韵味之美、生活幸福之美和创新活力之美，开辟“绿水青山”就是“金山银山”新境界，在四省边际区域率先实现绿色崛起，四省边际中心城市地位基本确立。基本原则是对标一流、引领发展，夯实本底、彰显特色，以创促建、打造亮点，开放集成、协同推进。主要任务是打开大通道、建设大配套、提供大产品、提升大环境、深化大协作5大任务、19项具体任务。并通过加强组织领导、抓实有效载体、推进改革创新、强化要素保障、严格督考问责、凝聚工作合力6项保障措施确保实现和完成。

2. 丽水探索全域大花园建设

丽水是习近平总书记“绿水青山就是金山银山”发展理念的重要践行地。浙江省第十四次党代会报告提出：谋划实施“大花园”建设行动纲要，支持衢州、丽水等生态功能区加快实现绿色崛起，把生态经济培育成为发展的新引擎。这是浙江省委对丽水践行习近平同志“绿水青山就是金山银山，对丽水来说尤为如此”重要嘱托的充分肯定，更是省委对丽水发展提出的新定位、新使命，对丽水全面打开“绿水青山就是金山银山”通道、加快实现绿色崛起的新期望、新要求。重要制度举措包含：（1）打好最美生态牌，建设山清水秀的大花园。丽水是浙江乃至华东地区最重要的生态屏障。必须靠前站位，主动服务“美丽浙江”建设的大局，以建设国家生态文明先行示范区为新起点，深入实施“生态保护行动”，用最顶格的生态标准、最严格的生态管理、最科学的保护机制，擦亮生态底色，确保永不褪色。全方位、全地域、全过程地加强环境治理和生态保护，推进“碧水蓝天”工程和“水、土、气、固废”同治，确保生态环境质量持续改善并始终保持全省第一、全国领先，让丽水的天更蓝、山更绿、水更清、空气更清新、环境更优美。（2）打好绿色发展牌，建设清洁低碳的大花园．绿色发展是时代潮流，是打开“绿水青山就是金山银山”通道的金钥匙。坚持把绿色发展作为第一要务，把“生态+”作为最大创新，深入实施“绿色发展行动”，培育绿色产业，发展绿色经济，创新绿色金融，倡导绿色消费，把生态优势转化为经济优势、发展优势、竞争优势，形成“美丽环境、美丽经济、美好生活”三美融合、主客共享的发展新格局。（3）打好全域统筹牌，建设主客共享的大花园．坚持把统筹发展作为根本路径，抓住浙江省第十四次党代会报告提出“进一步优化以四大都市区为主体、海洋经济区和生态功能区为两翼的区域发展总体格局”的政策机遇，深入实施“美丽丽水行动”：一是打造美丽城乡升级版，二是打造山海协作示范区，三是打造现代美丽交通网。（4）打好改革创新牌，建设活力澎湃的大花园。以“最多跑一次”改革撬动各领域改革，以政府自身革命提高治理能力。坚持硬件不足软件补，打造“一网集成、信息共享”公共服务数据平台，实现全市域公共服务数据互联共享，联动建好乡镇街道

“四个平台”，让数据多跑路，群众少跑腿甚至不跑腿，以政府权力“减法”换取发展活力“加法”和“乘法”，实现政府治理的数字化转型，打造最优政策洼地和最佳服务高地。(5）打好富民惠民牌，建设幸福安康的大花园。突出做好“富民”文章。把促农增收作为最大民生工程，打好“产业富民、金融支农、改革强农、政策惠农、帮扶助农”等促农增收组合拳，确保如期完成集体经济薄弱村三年脱困任务，确保农民收入增幅继续位居全省前列，确保全面小康“一个都不能少”。突出做好“惠民”文章。持续办好十方面民生实事，抓好教育现代化、“健康丽水”建设、“双下沉、两提升”、智慧养老、住房保障、交通治堵、文化礼堂建设等民生实事。突出做好“安民”文章。高标准创成全国文明城市，加快建设平安浙江示范区、打造全国最平安城市。

三 大花园建设的未来之路

1. 始终坚持把人民日益增长的美好生活需要作为大花园建设的根本出发点和落脚点

浙江始终坚持把以人民为中心的发展思想贯穿于大花园建设和经济社会发展各个环节，做到“群众想什么、我们就干什么”，巩固富民成果、增进人民福祉、确保社会安定，不断增强人民群众获得感。人民群众对美好生态、美丽家园的向往和需要就是大花园建设根本目标。高质量建设“诗画浙江”，加快打造“幸福美好家园、绿色发展高地、健康养生福地、生态旅游目的地”。通过“丽水山耕”“衢州有礼”的城市品牌，加快推进大花园建设两大核心区的绿色发展。目标是到2022年，形成“一户一处景、一村一幅画、一镇一天地、一城一风光”的全域大美格局，建设现代版的富春山居图。这是浙江对标国际著名的花园国家瑞士，为自己定下的目标。浙江将把“大花园”打造成本省自然环境的底色、高质量发展的底色、人民幸福生活的底色。

2. 持续深入实施“八八战略”，始终坚持“绿水青山就是金山银山”的绿色发展理念，促进经济结构转型升级，实现高质量发展

“八八战略”是引领浙江发展的总纲领，是推进浙江各项工作的总方略，管方向、管长远、管全局。这些年浙江发展之所以取得显著成就，归根到底靠的是持续深入实施“八八战略”；浙江未来发展再上新台阶，仍然必须坚持“八八战略”的指引。坚定不移续写好“八八战略”这篇大文章，不断推进“八八战略”深化、细化、具体化，彰显“八八战略”的理论价值和实践力量。“绿水青山就是金山银山”的绿色发展理念就是护美绿水青山，做大金山银山。深入推进“绿水青山就是金山银山”，必须一张蓝图绘到底，一任接着一任干。没有高质量发展，大花园建设就会失去建设基础，没有绿色发展，大花园建设就失去了基本目标。着力推动经济转型升级。在适应和引领新常态中做出新作为，必须把转型升级牢牢抓在手上，经济形势好的时候要抓，经济面临下行压力的时候更要抓，切不可有丝毫松懈。坚持有“破”有“立”，坚持倒逼和引领并举，深化供给侧结构性改革，推进“三去一降一补”，加快“腾笼换鸟、凤凰涅槃”，为大花园建设提供可靠保障。

3. 高质量推动“乡村振兴战略”落地生根，实现城乡区域协调发展，坚持城乡并重、区域协同，加快推进城乡发展一体化，努力缩小城乡区域发展差距，切实提高发展的协同性和整体性

2018 年，《国家乡村振兴战略规划（2018—2022 年）》发布，党的十九大提出实施乡村振兴战略，是以习近平同志为核心的党中央着眼党和国家事业全局，深刻把握现代化建设规律和城乡关系变化特征，顺应亿万农民对美好生活的向往，对“三农”工作作出的重大决策部署，是决胜全面建成小康社会、全面建设社会主义现代化国家的重大历史任务，是新时代做好“三农”工作的总抓手。浙江要推动全域大花园建设，把山水与城乡融为一体，使自然与文化相得益彰，把生态经济培育成发展的新引擎，就必须高质量推动“乡村振兴战略”在浙江的落地生根，谱写“乡村振兴战略”浙江新篇章。健全城乡发展一体化体制机制，促进城乡在规划布局、要素配置、

产业发展、基础设施、公共服务、生态环境保护等方面相互融合和共同发展。深入推进“三改一拆”和小城镇环境综合整治，将大花园建设的抓手与“乡村振兴战略”有机结合，从而实现大花园建设向纵深推进、向更高水平提升的目标。

大花园的本质是人与自然和谐共生，目的是不断满足人民日益增长的美好生活需要，是推动高质量发展、创造高品质生活的必然选择和必然路径。大花园建设坚持保护为先，严守生态保护红线；高水平发展绿色产业，培育生态经济；高标准推进全域旅游，高品质创造美好生活，让人民群众看见绿水青山、呼吸清新空气、吃得安全放心、在畅游山水意境中涤荡心灵，全力打造“养眼、养肺、养胃、养脑、养心”的大花园。

第二节　绿色城市、生态城市的创建

城市化是现代化的必由之路，但是，现代城市的发展也带来了很多城市病，生态恶化就是其中之一。习近平总书记曾指出，“坚持生态优先、绿色发展”，“打造优美生态环境，构建蓝绿交织、清新明亮、水城共融的生态城市”。[①] 浙江在建设美丽浙江过程中，积极创建绿色城市、生态城市，走出一条新的城市化之路。

一　城市化水平与生态文明建设融为一体、协同推进

一方面，浙江城市化水平不断飞跃。当前，全球第三次城市化浪潮方兴未艾，世界人口城市化率已超过 50%，城市的经济产值达到全球经济总量的 3/4。自改革开放以来，浙江率先在全国实施城市化战略，创造性地提出“新型城市化”命题，遵循“创新、协调、绿色、开放、共享”的新发展理念，走出了一条极具浙江特色的新型城市化道路。浙江城市化经历了发动阶段（1978～1997）、快速发展阶段（1998～2005）、质量提升阶段（2006 年至今）。尤其是 2006 年时任浙江省委书记习近平同志在全国开创性地提出

① 《习近平谈治国理政》（第二卷），外文出版社 2017 年版，第 238 页。

“新型城市化”命题，进一步推动着浙江省城市化从量到质的转变。1978年，浙江城市化率为14%，低于全国平均水平近4个百分点；2017年，浙江城市化率达到68%，比全国早10年进入城市型社会。

另一方面，浙江的生态文明建设也走在全国前列。近年来，浙江完成了从绿色浙江到“两美浙江”的战略深化与创新。浙江生态文明建设始终坚持妥善处理好金山银山与绿水青山的关系，将此关系作为生态文明建设的主线与关键问题。在此基础之上，浙江不断推进生态文明建设的战略创新，实现了从生态环境建设、绿色浙江建设、生态省建设、生态浙江建设直到“两美”浙江建设的层层递进。在城市化的背景下，浙江生态文明建设与城市化发展融为一体、协同推进。例如，浙江深入推进生态市县、环保城市、绿色家庭等创建活动。自2003年环保部印发《生态县、生态市、生态省建设指标（修订稿）》以来，浙江已累计建成国家生态市2个、生态县34个、生态乡镇691个，数量居全国前列。2017年9月，首批国家生态文明建设示范市县出炉，浙江湖州市、象山县、新昌县、杭州市临安区、浦江县入围，浙江是拥有生态文明建设示范市县最多的省份之一。

从这两方面来看，浙江通过前期的准备，已经具备向绿色城市、生态城市转型的基本条件。积极创建绿色城市与生态城市，标志着浙江省城市化建设与生态文明建设向更高水平迈进。

二 创建绿色城市、生态城市的生动实践

1. 美丽浙江：创建绿色城市、生态城市的理念引领

建设美丽浙江、创造美好生活，是建设美丽中国在浙江的具体实践，也是对历届浙江省委提出的建设绿色浙江、生态省、全国生态文明示范区等战略目标的继承和提升。[①] 美丽浙江是美丽中国理念在浙江大地的具体化。而作为浙江省生态文明建设的新理念，美丽浙江理念成为引领浙江创建绿色城市、生态城市的理念。美丽浙江规定着创建绿色城市、生态城市的指导思

---

① 《中共浙江省委关于建设美丽浙江 创造美好生活的决定》，《浙江年鉴》（2015），第44~50页。

想、基本原则、顶层设计、战略目标以及具体任务。

2005 年以来，浙江在生态文明建设实践中，始终以“八八战略”为统领，进一步发挥浙江的生态优势，坚定“绿水青山就是金山银山”的发展思路，坚持一任接着一任干、一张蓝图绘到底，把生态文明建设放在突出位置。美丽浙江建设各项工作扎实开展，基本完成国土（海洋）空间规划体系和主体功能区、环境功能区布局，初步建立比较完善的美丽浙江建设体制机制和组织领导保障体系；低消耗、低排放、高附加值的产业结构加快形成，生态经济成为浙江经济增长新亮点；“五水共治”有力推进，垃圾河、黑河、臭河整治成效显著，近岸海域污染治理有效推进，县以上城市集中式饮用水源地水质达标率高于 90%；“三改一拆”工作持续深入开展，大气环境治理取得成效，耕地土壤污染有所遏制，基本建成污染物收集处置形境基础设施体系，城乡生态环境质量在全国保持领先地位。

2014 年下半年起日益改善，Ⅲ类及以上水的比例明显提高，人民普遍反映水清了，环境好了，在外工作的人愿意回老家的乡村了。例如，一项调查显示，杭州 97% 的市民认为“五水共治”有成效。下一步，浙江将坚持以“八八战略”为统领，围绕“三步走”总体目标，标本兼治、水岸同治、城乡并治，以“清三河”为重点，切实做到治污先行、标本兼治；以系统治理为途径，切实做到统筹兼顾、整体联动；以改革创新为动力，切实加强制度建设、科技支撑；以法治建设为保障，切实做到依法治水、依法管水，尤其对知法犯法者要从严惩处；以共建共享为核心，切实做到群策群力、全民参与，努力在科学治水、保障水安全方面走在全国前列。

2. 绿色城镇：创建绿色城市、生态城市的现实抓手

2011 年 11 月，浙江省人民政府印发《浙江省绿色城镇行动方案》。浙江绿色城镇建设是以新型城市化战略为龙头，按照集约节约、功能完善、宜居宜业、生态特色的要求，以改善人居环境、提升人民群众生活品质为目标，以改革创新为动力，规划、建设、管理齐抓并进，政府、企业、社会各方联动，引导、扶持、保障多措并举，着力打造一批生态环境优美、人居条件良好、基础设施完备、管理机制健全、人与自然和谐相处、经济社会与资

源环境协调发展的绿色城镇，促进生态文明建设。

2015 年，浙江已在全国率先形成城乡一体的规划体系，城乡规划制度全面落实；率先基本实现镇级污水处理设施全覆盖，城镇污水收集处理率和处理达标率处于全国领先水平；率先实现供水、供气和生活垃圾收集处置城乡一体化，城乡基本公共服务均等化加快推进；率先推行城镇生活垃圾分类处理，初步建立比较完善的生活垃圾分类收运处置设施设备体系和标准制度体系；率先建立市、县、镇三级园林城镇体系，园林城镇创建水平进一步提高；率先基本形成绿色建筑发展体系，实现从节能建筑到绿色建筑的跨越式发展。

浙江绿色城镇建设取得了显著成效，浙江有关城市在国内绿色城镇排行榜中位居前列，跻身全球绿色城市（镇）。2015 年 3 月，全国 289 个城市竞争绿色城镇化，杭州排第 5 位、宁波排第 9 位。绿色城镇化指标包括综合排名、环境排名、经济排名、社会排名 4 项，它突出了绿色发展的理念，并将其涵括进深层的人文内容。与此同时，在全球绿色城市（镇）评选中，全球仅 24 个城市（镇）入选，浙江有余姚、江山两市入选，浙江入选城市为全国最多。

“全球绿色城市”评选包括“环境质量良好，大气、水系、噪声、土壤等多项环境质量指标处于所在国先进水平”等 18 项定性指标和“上一年环境空气污染物基本项目浓度日平均达到标准限制的天数大于 290 天”等 15 项定量指标，要获此殊荣必须满足不少于 17 条的定性指标和不少于 12 条的定量指标，或满足可适用总条目的 80%。截至 2015 年，已有加拿大温哥华、日本横滨、中国丽江等全球 24 个城市（镇）获得了“全球绿色城市”荣誉称号。

3. 美丽乡村：创建绿色城市、生态城市的系统性保障

美丽乡村与绿色城市、生态城市是一个结构性、系统性组织。二者必须实现协同发展、统筹规划。2003 年，浙江省委、省政府按照党的十六大提出的统筹城乡发展的要求，顺应农民群众的新期盼，作出了实施“千村示范、万村整治”工程的重大决策。时任省委书记习近平同志深入基层调查，研究思路政策，对全省 10303 个建制村进行了全面调研，并把其中 1181 个

建制村建设成“全面小康建设示范村”。在此基础上，2010 年，浙江省委、省政府进一步推进美丽乡村建设的决策。十多年来，浙江始终把实施“千村示范、万村整治”美丽乡村建设作为推进新农村建设的有效抓手，坚持一张蓝图绘到底、一年接着一年干、一届接着一届干，坚持以人为本、城乡一体、生态优先、因地制宜，大力改善农村的生产生活生态环境，积极构建具有浙江特色的美丽乡村建设格局。截至 2017 年底，浙江累计有 2.7 万个建制村完成村庄整治建设，占全省建制村总数的 97%；90% 的建制村、74% 的农户的生活污水得到有效治理；实现生活垃圾集中收集、有效处理的建制村全覆盖。截至 2018 年 6 月，55% 的建制村实施生活垃圾分类处理。95% 以上的村实现生活垃圾集中收集处理，农村卫生厕所普及率达 93% 以上。截至 2018 年 12 月，浙江已形成美丽乡村精品村 1200 余个。美丽乡村已经成为浙江新农村建设的一张名片，更是建设“美丽中国”一个精致的“标本”。

2014 年 4 月，作为美丽乡村建设先行区，浙江首个美丽乡村省级地方标准《美丽乡村建设规范》出台，全省新农村建设从此“有标可循”。《美丽乡村建设规范》采用了新农村建设方面现有的国家、行业及地方标准 21 项，主要从村庄建设、生态环境、经济发展、社会事业发展、精神文明建设等 7 个方面 36 个指标为美丽乡村建设提出具有可操作性的实践指导。《美丽乡村建设规范》只是操作指引，并非要求美丽乡村建设整齐划一，而是尽力彰显各乡村自己的特色，按照乡村的自然禀赋、历史传统和未来发展要求，最大限度地保留原汁原味的乡村文化和乡村特色，以适应不同村庄的发展要求。

尽管浙江的生态文化建设取得了很大成效，但依然存在一些问题，存在较大的改进空间。例如，居民生态意识与生态行为存在一定程度的分离，居民在意识上知道应当保护生态环境，却存在不注重生态环境甚至破坏生态环境的行为（例如，生活垃圾分类实施效果不佳）；居民对那些与自身健康无直接关联的生态消费行为还没有形成自觉；生态城乡建设以“点”为主，亟须由“点”扩展到“面”，即亟须由个别的绿色家庭、绿色学校、美丽乡村扩展到所有家庭、所有学校、所有乡村和社区。

三 创建绿色城市、生态城市的未来展望

绿色城市与生态城市必须具备绿色经济体系与绿色的人居环境，并在此基础上创建一个可持续的、人与自然和谐共生的城市生态系统。因此，浙江创建绿色城市与生态城市应从以下几个方面着手。

1. 进一步打造绿色的生产方式和消费方式

打造绿色产业。通过发展绿色农业、绿色制造业、绿色服务业，打造绿色生产方式。在农业生产方面，要大力发展绿色农业、生态农业。2014 年，《中共浙江省委关于建设美丽浙江 创造美好生活的决定》中明确指出，加快建立和推广现代生态循环农业模式，大力发展无公害农产品、绿色食品和有机产品。实现这一目标，关键在于加强制度保障、增强部门合作、强化过程监管、夯实基础支持。从政府支持、监督、引导等方面切实保障绿色生态农业的健康发展。

在绿色制造业方面。第一，加快创建具备用地集约化、原料无害化、生产洁净化、能源低碳化、废物资源化等特点的绿色工厂。第二，采用先进适用的清洁生产工艺技术和高效末端治理装备，建立资源回收循环利用机制。第三，大力运用绿色建筑技术建设改造厂房，预留可再生能源应用场所和设计负荷，合理布局厂区内能量流、物质流路径，推广绿色设计和绿色采购，开发生产绿色产品，实现企业运行全流程绿色发展。第四，大力研发绿色产品，实现以绿色制造实现供给侧结构性改革。积极开发推广具有无害化、节能、环保、高可靠性、长寿命和易回收等特性的绿色产品，着力提升绿色产品的市场占有率，引导绿色消费理念。第五，创建绿色园区。按照产业结构绿色化、能源利用绿色化、运营管理绿色化、基础设施绿色化的要求，以产业集聚、生态化链接和公共服务基础设施建设为重点，推行园区综合资源能源一体化解决方案，推进工业园区分布式光伏发电、集中供热、污染集中处理等工程项目，实现园区能源梯级利用、水资源循环利用、废物交换利用、土地节约集约利用，提升园区资源能源利用效率。第六，打造绿色供应链。建立长效绿色供应链管理模式，构建以生命周期资源节约、环境友好为导

向，涵盖采购、生产、营销、使用、回收、物流等环节的绿色供应链。第七，培育绿色制造服务体系。培育一批第三方评价机构，开展绿色制造评价体系相关地方标准的研究。推动行业协会、科研院所、第三方服务机构、金融机构等共同参与，培育一批集标准创制、计量检测、评价咨询、技术创新、绿色金融等服务内容的专业化绿色制造服务机构，为企业、园区开展绿色示范工作提供绿色制造整体解决方案，为绿色制造体系政策推广、信息交流、咨询、培训、评估等提供基础支撑。

在绿色服务业方面。当前，服务业被视作浙江省经济增长的新动能。据统计，2017 年，浙江服务业实现增加值 27279 亿元，增长 8.8%，增速高于 GDP 实际增速 1 个百分点，分别高于第一产业（2.8%）、第二产业（7.0%）增加值增速 6.0 个百分点、1.8 个百分点，第三产业对 GDP 增长的贡献率为 57.0%，服务业延续了较快发展的良好态势。因此，浙江发展绿色服务业尤其是生产性服务业对于创建绿色城市、生态城市具有重要意义。着重在信息服务、研发服务、创意设计、物流与供应链服务、融资服务、商务服务、服务外包、节能环保服务八大生产性服务业中实现绿色 GDP 的增长。绿色服务业的壮大，必然促成第一产业、第二产业的绿色规模和快速转化，实现结构化增长、规模化绿色经济效益。积极发展生态旅游业。

大力发展绿色交通。既重视整个交通运输系统的高效低碳，又关注基础设施、技术装备领域节能环保。在重点领域和关键环节集中发力，从交通运输结构优化、组织创新、绿色出行、资源集约、装备升级、污染防治、生态保护等方面入手抓重点、补短板、强弱项，推动形成绿色发展方式和生活方式。

积极开发绿色建筑。绿色建筑的出现标志着传统的建筑设计摆脱了仅仅从建筑的美学、空间利用、形式结构、色彩结构等方面考虑，逐渐地走向从生态的角度来看待建筑，这意味着建筑不仅被作为非生命元素来看待，更被视为生态循环系统的有机组成部分。浙江创建绿色城市、生态城市必须重视绿色建筑，因地制宜地将绿色建筑技术措施与地方自然条件、人文特色相结合，在降低建筑能源消耗、减少环境影响的同时，又能满足使用者舒适性需求。

大力推行绿色消费。绿色消费，是指以节约资源和保护环境为特征的消费行为，主要表现为崇尚勤俭节约，减少损失浪费，选择高效、环保的产品和服务，降低消费过程中的资源消耗和污染排放。创建绿色城市、生态城市要大力推行绿色消费。倡导绿色生活方式，鼓励绿色产品消费，扩大绿色消费市场。

2. 建立高效的废弃物回收利用和处理系统

创建绿色城市、生态城市必须建立一个高效的废弃物回收利用和处理系统。这依赖于政府与企业合作，不断发展壮大浙江省环保产业。

目前，浙江积极引导环保产业集聚发展，先后培育了绍兴诸暨、杭州青山湖两个环保产业示范园区，实现规模经济效益。同时，培育了杭州、宁波高新技术产业开发区环保信息技术产业集群，湖州水处理膜材料、余杭水处理设备、海宁布袋除尘器等环保装备基地，产业集聚逐步形成。

浙江环保企业在各细分领域已形成了一定的特色和优势。目前，已培育菲达环保、兴源环境等14家上市公司，环境监测、大型电除尘、垃圾焚烧等技术装备已接近或达到国际先进水平，并已出口美、日、英、俄等30多个国家和地区。浙江拥有国家环境保护燃煤大气污染控制国家工程技术中心（浙江大学）、国家环境保护辐射环境监测重点实验室（浙江省辐射环境监测站）等6家国家级环保科技创新平台，40多家省级环保科技研发机构和平台，覆盖了环保科技各领域，为环保产业发展集聚了资源、资本和人才等要素。环保技术水平在不断提高的同时，环保装备和产品供给能力也显著增强。

在未来，浙江将继续推进形成结构合理、适销对路、技术含量高的环保产业体系。重点推广生活垃圾、畜禽粪便、秸秆无害化和资源化处理，工业企业污染预防和集中治理，废弃物综合利用，以及开发水资源重复利用技术与设备、环境检测仪器设备等。利用环保产业的发展壮大，切实建立绿色城市高效的废弃物回收利用和处理系统，以减轻城市生产和消费系统对生态环境的负面影响。

3. 着力提高生态效率

党的十八届五中全会把绿色发展作为新常态背景下的五大发展理念之

一，并指出：坚持绿色发展，必须坚持绿色富国、绿色惠民，推动形成绿色发展方式和生活方式。坚持可持续发展，加快建设资源节约型、环境友好型社会，为全球生态安全做出新贡献。中共中央、国务院印发的《关于加快推进生态文明建设的意见》提出，必须构建科技含量高、资源消耗低、环境污染少的产业结构，加快推动生产方式绿色化，大幅提高经济绿色化程度，有效降低发展的资源环境代价。由此可见，绿色发展在新常态经济社会发展中具有重要地位，而绿色发展的关键就在于提高生态效率。

可持续发展具体到企业水平即被称为生态效率。具体而言，生态效率是指一个过程，在这个过程中，资源利用、工业投资、科技发展等都要朝着工业附加值最大化以及资源耗费、废物污染最小化这一方向发展。浙江是资源小省、经济强省，在传统经济增长的模式看来，浙江似乎面临着无法逾越的发展关隘。那么，绿色产业发展、绿色城市的创建，为浙江跨越这道关隘提供了启示。

浙江创建绿色城市、生态城市要着力提高生态效率。通过结构调整、技术进步、管理水平提高等方式，实现增长方式转变，而不是直接以经济增长为目的。所以，在制定有关产业绿色化政策时，最直接的激励目标是碳排放量、污染排放量的降低以及使用效率的提高，而不是作为新的增长点。只有在排放总量稀缺的条件下，生产者才有足够动力去挖掘绿色发展的潜力。在此制度基础上，配额量决定了各主体经济规模的限制量，要想增大经济规模，就必须通过技术、结构的改进去实现，绿色产业、绿色技术、绿色产品才可能由此形成。

4. 打造“花园式”绿色人居环境

绿色的人居环境是指绿色城市的人居环境必须是绿色、宜居和健康的。首先，良好的环境质量是绿色城市的底线要求，也是保障城市居民身体健康的最基本需求，城市社会经济发展不能以牺牲城市环境质量为代价。其次，充足可达的绿色公共空间是绿色宜居城市所需具备的基本条件；绿色公共空间是城市重要的基础设施，在净化空气、调节生态平衡、提供美学价值、控制城市无序蔓延等方面发挥着重要作用。最后，健康稳定的区域生态环境是指城市的发展必须加强生态红线管控，维持其所在区域的生态系统健康、生物多样性和生态系统服务功能供给，使城市融入自然并确保城市的生态安全。

第三节 绿色城镇与美丽乡村的创建

习近平总书记指出："中国要强，农业必须强；中国要富，农民必须富；中国要美，农村必须美。建设美丽中国，必须建设美丽乡村。"[①] 党的十九大提出按照"产业兴旺、生态宜居、乡风文明、治理有效、生活富裕"的总要求，实施乡村振兴战略，2018 年中央一号文件中指出："良好生态环境是农村最大优势和宝贵财富。必须尊重自然、顺应自然、保护自然，推动乡村自然资本加快增值，实现百姓富、生态美的统一。"为新时代绿色城镇和美丽乡村建设明确了方向。浙江是中国绿色城镇和美丽乡村建设的重要发源地。多年来，浙江以"八八战略"为总纲，实现了从"千万工程"到美丽乡村建设的转变，奋力走在绿色城镇与美丽乡村建设的前列。

一 绿色城镇和美丽乡村的提出

2003 年 6 月，在时任浙江省委书记习近平同志的倡导和主持下，浙江启动了"千村示范、万村整治"工程，由此拉开了村庄环境整治、绿色城镇和美丽乡村建设的序幕。"千万工程"的主要内容是：（1）以村庄规划为龙头，从治理"脏、乱、差、散"入手，加大村庄环境整治力度，完善农村基础设施。（2）5 年内全面整治 1 万个行政村，并将其中 1000 个行政村建成全面小康示范村；每年整治 10% 的行政村，同时建设 35 个示范村，截至 2007 年底，全省整治 10303 个建制村，建成 1181 个示范村。2008 年，浙江安吉县率先开展"中国美丽乡村"建设，将"全面小康建设示范村"的经验扩大至全省所有乡村。2010 年发布的《浙江省美丽乡村建设行动计划（2011—2015 年）》又进一步深化，提出着力推进农村生态人居体系、农村

① 《中国要强 农业必须强——中央农村工作会议专题报道》，《中国合作经济》2013 年第 12 期。

生态环境体系、农村生态经济体系和农村生态文化体系建设，形成有利于农村生态环境保护和可持续发展的农村产业结构、农民生产方式和农村消费模式，努力建设一批全国一流的宜居、宜业、宜游美丽乡村，打造一批历史文化特色小镇，促进生态文明和惠及全省人民的小康社会建设。2014 年又在全国率先制定了美丽乡村建设的地方标准。2016 年，浙江印发了《浙江省深化美丽乡村建设行动计划（2016—2020 年）》，浙江的美丽乡村将进一步从“一处美”向“一片美”转型，更加注重“以人为本”，以期真正实现“产、村、人”融合，“居、业、游”共进，打造绿色城镇和美丽乡村建设的升级版。2018 年 4 月，中共浙江省委、浙江省人民政府印发了《全面实施乡村振兴战略　高水平推进农业农村现代化行动计划（2018—2022 年）》的通知。该通知要求各地坚持农业农村优先发展，坚持乡村高质量发展，坚持乡村全面振兴，坚持城乡融合发展，坚持因地制宜特质发展，坚持底线思维和红线意识等基本原则。该通知强调要通过实施乡村产业振兴行动，全面加快农村产业融合发展；开展新时代美丽乡村建设，全面打造人与自然和谐共生新格局；实施乡村文化兴盛行动，全面塑造淳朴文明良好乡风；实施自治、法治、德治“三治结合”提升行动，全面推进乡村治理体系和治理能力现代化；实施富民、惠民行动，全面促进全体农民共同富裕。全面深化农村改革，深入推进城乡融合发展制度建设；加强科技创新与人才培育，增强农业农村发展支撑；加强农村党建引领，全面夯实基层基础；切实加强“三农”工作组织领导等举措。按照浙江省第十四次党代会提出的“两个高水平”的战略安排，实施乡村振兴战略、高水平推进农村现代化。到 2022 年，农村生态环境明显好转，村镇规划布局不断优化，农村人居环境全域完善，乡村特色更加彰显，城乡互联互通的基础设施加快建设，花园式的美丽乡村升级版基本建成，创建乡村振兴精品村 1000 个、A 级景区村 10000 个。

总体而言，浙江的绿色城镇和美丽乡村建设大体经历了四个阶段：第一个阶段是 2003 ~ 2007 年“示范引领”阶段，这一时期主要任务是从整治村庄环境“脏乱差”问题入手，着力改善农村生产生活条件。第二阶段是 2008 ~ 2012 年“整体推进”阶段，主抓生活污水、畜禽粪便、化肥农药等面源污染整治和农房改造建设。第三阶段是 2013 ~ 2017 年“深化提升”阶段，启动农村生活污水治理攻坚、农村生活垃圾分类处理试点、历史文化村落保护利用工作，明确了从内涵提升上推进“四个美”（科学规划布局美、村容整洁环境美、创业增收生活美、乡风文明身心美）、“三个宜”（宜居、宜业、宜游）和“两个园”（农民幸福生活家园、市民休闲旅游乐园）的建设。截至2017年底，浙江累计约2.7万个建制村完成村庄整治建设，占浙江建制村总数的97%；实现生活垃圾集中收集有效处理建制村全覆盖，11475个村实施生活垃分类处理，占比为41%；90%的村实现生活污水有效治理，74%的农户的厕所污水、厨房污水和洗涤污水得到治理。第四个阶段是2018～2022年“全面示范”阶段，这一阶段主要是按照产业兴旺、生态宜居、乡风文明、治理有效、生活富裕的总要求，提出全面实施万家新型农业主体提升、万个景区村庄创建、万家文化礼堂引领、万村善治示范、万元农民收入新增等“五万工程”，并对应实施产业振兴，新时代美丽乡村建设，乡村文化兴盛，自治、法治、德治“三治结合”提升，富民、惠民等“五大行动”，打造新时代绿色城镇和美丽乡村建设的示范样本。

二 绿色城镇和美丽乡村建设的现实意义

经济学认为，经济发展与资源环境之间存在一种“倒U形”库兹涅茨关系。经济发展初期，随着人均收入增加，自然资源消耗严重，环境污染显著增加；当经济发展到一定水平后，人均收入进一步增加时，自然资源消耗趋于平缓，环境污染由高趋低，逐渐减缓。经济发展与资源环境这种关系的变化主要原因是：其一，环境属于奢侈品，居民收入增加后对自然生态和环境的质量要求更高；其二，经济发展后，更有条件采用节能减排，保护生态环境的技术。浙江属于我国经济发达省份，经济发展在21世纪初已经处于库兹涅茨拐点附近，实施美丽乡村建设战略是顺势而为。

美丽乡村建设顺应了浙江农村居民的需求。自20世纪70年代末改革开放以来，中国经济高速增长，农民收入水平显著提高，浙江的社会经济发展和农民收入增加更是跑在全国前面。温饱解决后，农民更加关注生活质量和诸如教育、医疗等人力资本方面水平的提高，希望有便捷的公路、方便的购物、快速的通信、优质的教育和医疗、干净的水源、清洁的空气、宁静的环境等，而上述需求中很多属于公共物品的范畴，生产具有外部性，由农村居民个人供给的成本太高。实施美丽乡村建设战略本质上是浙江省各级政府为农村居民提供公共物品的一种方式，以较低的成本满足农民对美好生活的追求，弥补多年来农村地区公共物品投资不足的缺口。

美丽乡村建设是优化农村空间布局，提高农村土地资源利用效率的一项重要政策措施。随着工业化和城市化的推进，大部分农民不再依靠农业生活，部分农民甚至离开了农村成为城市居民。由于农村土地实行集体所有制，农户不能自由买卖承包地和宅基地，农民非农就业和城市化导致部分土地资源闲置。浙江通过实施美丽乡村建设战略，撤并了一部分自然村，对一部分旧村进行了改造，对村庄进行合理规划，改善了道路状况，修建了垃圾和污水处理系统，兴建了文化大礼堂等基础设施，实行了农村土地“三权分置”制度改革，从而提高了土地资源的利用和农村居民公共服务供给的效率。

从2003年开始的“千村示范、万村整治”工程到2018年提出的“乡村振兴战略行动计划”，浙江始终将美丽乡村建设作为一项重大社会经济发展战略来实施，将政策一以贯之。多年来，一张蓝图绘到底，一任接着一任干。将政策一以贯之有利于战略由简单到复杂、由点到面稳步推进，减少不确定性，提高工程的投入产出效率。

浙江美丽乡村主要从环境整治、生态改善、基础设施建设、基层治理能力增强、公共服务水平提高等着手，坚持以人为本，每个方面都是为了改善农村居民生产生活条件，提高他们的福利水平。坚持以人为本还表现在，实施战略时尊重农民意愿，不搞强迫命令；充分发挥农民的主体作用，尊重农民在美丽乡村建设中的知情权、参与权、决策权和监督权；引导农民大力发展生态经济、自觉保护生态环境、加快建设美丽家园。

美丽乡村建设不是一朝一夕的事，浙江一开始便坚持规划先行，强调村庄规划编制要坚持人与环境的和谐，贯穿生态理念，体现文化内涵，反映区域特色，并与土地利用总体规划、基本农田保护规划、城镇体系规划以及交通、水利等规划相衔接；强调村庄规划的生活、生产区布局合理，体现乡村特点，做到实用性与前瞻性相统一。而且，规划一经确定，必须严格执行，调整与修订规划必须按程序报经批准。美丽乡村建设使村庄与城镇体系规划共同形成了以“中心城市—县城—中心镇—中心村”为骨架的城乡规划体系。

三 绿色城镇和美丽乡村建设的现实路径

浙江农耕文明历史悠久，以血缘和地缘为主要纽带的乡村在浙江经济社会发展进程中发挥了巨大作用。在大力发展农业农村的新时代，浙江需立足于区域乡村的历史传统和社会现实，干在实处，走在前列，勇立潮头，不断谱写绿色城镇和美丽乡村建设的新篇章。

1. 大力发展乡村经济，夯实绿色城镇与美丽乡村建设基石

实施绿色城镇与美丽乡村建设战略，是解决人民日益增长的美好生活需要和不平衡不充分的发展之间矛盾的必然要求，是实现全体人民共同富裕的必然要求。共同富裕首先必须从经济上富裕起来。

第一，建立乡村企业共同体，增加村民生产性收入。浙江民营经济发达，农民创业经商者众多。在实施乡村战略过程中，应充分利用这一优势，以共同出资和共同分红的方式组建乡村企业，乡村企业的所有权归乡村集体所有，企业收益由乡村集体负责管理和分配。这一经营模式一方面可以解决浙江农村发展耕地不足的困难；另一方面又可以满足农民创业经商的需求，直接增加村民收入，提高乡村集体经济实力。

第二，依托乡村资源优势，增加村民资源性收入。资源就是财富。浙江山林、淡水、海洋资源丰富，素有“诗画浙江”的美誉。在绿色城镇与美丽乡村建设中，应充分利用乡村的历史文化、自然环境的优势，结合市场需求，合理发展“乡土文化之旅”“观光农业”等特色旅游文化产业，持续增加村民的资源性收入。

第三，探索乡村集体经济的多种实现形式，增加村民的财产性收入。进一步深化农村土地制度改革，探索土地股份制、土地股份混合制、土地托管等集体所有权的实现途径，通过出租、拍卖、入股等形式对农村闲置资产进行流转盘活，扩大乡村集体经济实现形式，不断增加村民的财产性收入。

第四，发挥资本集聚效应，实现村民财富增值。浙江民营块状经济明显，不少农村有产业相似的企业群，一家一户作坊式的经营方式，难免陷

入"低小散"的困境。将村民资本集中，实施规模生产经营，打造乡村企业的"大船"和"航母"，条件成熟的地方，可以组建乡村企业集团并组织上市，以保底分红、股份合作、利润返还等多种形式，提高资本利用率，让农民合理分享资产增值收益，为绿色城镇与美丽乡村建设奠定坚实的物质基础。

2. 构建乡村治理体系，协同推进绿色城镇与美丽乡村建设

绿色城镇与美丽乡村建设是一个由传统向现代转变的复杂过程，在这个过程中，涉及人们的经济生活、政治行为、社会体验等经济社会生活的各个方面事务。治理有效是绿色城镇与美丽乡村建设的基本条件。

第一，建立乡村治理协同领导机制，深化乡村治理改革。建立五级书记领导机制，强化党的领导，加强乡村治理的顶层设计，深化"最多跑一次改革"在农村的实践，坚持一张蓝图绘到底、一任接着一任干的共同体理念，保证乡村治理的连续性和稳定性，不断推进乡村治理体系现代化。

第二，整合乡村治理主体，实现乡村善治。整合村民个体、乡绅名贤、村委会等诸多力量主体，打破互不沟通的界限，在密切交往中提高村民协同参与意识，形成乡村治理主体，各力量主体广泛参与、协同治理乡村事务，这也是绿色城镇与美丽乡村建设的基本前提。

第三，构建乡村制度安排，规范乡村治理。建立乡村治理主体资格条例、乡村治理章程等规范性制度安排以及乡村决策流程、乡村财务管理流程等程序性制度安排，对村民权利、乡村权力的实现过程、运行流程等进行明确的界定，使乡村治理不是个别人的随意性行为，而是制度化规定下的村民整体的规范性行动。

第四，建立沟通协商、监督反馈机制，优化乡村治理。一是建立事前、事中、事后全程沟通和监督机制，通过沟通协商、民主决策乡村事务，并对乡村治理过程的各个环节进行全面监督。二是畅通协商和监督渠道，充分运用乡村信息栏、广播站、网站、公众号、新闻媒体等多种渠道进行建议和意见征集。三是及时发布和反馈沟通与监督信息，并准确向村民发布和反馈信息，实现乡村共同的有效治理，推进绿色城镇与美丽乡村建设。

3. 建设乡村精神家园，丰富绿色城镇与美丽乡村建设的文化内涵

绿色城镇与美丽乡村建设不仅要保证农民经济上的富裕，更要实现农民精神上的富有。构建乡村精神共同体，既是应对市场化、功利化、低俗化思潮给农村造成“精神挑战”的需要，也是振兴乡村文化、推进文化浙江建设的现实需要。

第一，加强精神引导，构筑乡村共同体的价值基础。以社会主义核心价值观为引领，挖掘农村传统道德资源，加强思想道德建设，引导农民远离宗教狂热、封建迷信、赌博成性的行为，确保绿色城镇与美丽乡村建设的文化方向。

第二，做好家谱的编制和乡风民约建设工作，强化村民“守望相助”的集体意识。通过家谱的编制和乡风民约建设工作，激发村民家族和村庄集体意识，纠正农民的原子化和疏离化行为偏向，强化村民的身份认同和集体归属，为绿色城镇与美丽乡村建设奠定必要的社会基础。

第三，深入开展文化活动，提升乡村文化的凝聚力。应充分利用农村文化礼堂平台，开展农民喜闻乐见的文化活动，通过传统节日仪式、春节拜年、民间祭祀、平时邻里走门串户等形式，锻造农民的文化习惯，形成共同的文化记忆，为绿色城镇与美丽乡村建设奠定坚实的情感基础。

第四，挖掘乡土文化的农耕特质和区域特色，打造乡村文化品牌。浙江地形地貌复杂，农村风俗文化差异巨大。各乡村可以结合本地的历史文化和风俗特点，凝练文化建设方向并形成共识，为绿色城镇与美丽乡村建设提供强大的文化推动力。

4. 加大乡村基础设施建设力度，保证绿色城镇与美丽乡村建设条件

良好的基础设施是绿色城镇与美丽乡村建设的基本条件，也是农民进行生产和生活的基本保障。

第一，加强水利、道路等生产设施建设，进一步加强水利和道路等生产设施建设，提高农业生产应变自然灾害的能力，力求做到“旱涝保收”。这不仅保证了农民的增产增收，同时也为农村现代化的进一步发展创造了条件。

第二，加快饮用水、通信网络等生活设施建设，改善农民的生活条件。

加大饮用水（自来水）管道覆盖建设力度，优先解决少数地区饮水困难和饮水不达标问题，加强供电、排污、通信网络建设，做到“家家通电、户户联网”，构筑乡村生活设施共同体，不断提高村民现代生活水平。

第三，加大教育、医疗等发展设施建设力度，提高农民的发展条件。大力发展农村教育，改善办学条件，建立乡村图书馆，完善农村医疗设施，构筑乡村教育、医疗发展设施共同体，为农民的进一步发展提供强有力的保障条件。

第四，加大休闲娱乐设施建设力度，满足农民美好生活的需要。修建和扩建乡村活动广场，增添室外健身设备，建立和完善乡村电影放映室、文化活动中心等乡村文化娱乐设施，让村民农闲之时，有地可去、有处可玩、有法可乐，不断满足农民日益增长的美好生活的需要。

5. 牢固树立绿水青山就是金山银山理念，引领绿色城镇与美丽乡村建设

良好的生态环境是农村的最大的优势和宝贵财富。绿色城镇与美丽乡村建设，生态宜居是关键。浙江是美丽乡村的首创地，也是“绿水青山就是金山银山”理念的萌发地，在新时代绿色城镇与美丽乡村建设中，必须继续坚持生态优先的原则，继续做好生态文明建设的排头兵和示范者。

第一，严格乡村工业准入制度，合理规划乡村工业布局。严格控制高能耗、重污染的工业，积极引进低能耗、高效益工业，选择性发展乡村工业；按照乡村水文和气候环境，合理规划乡村工业布局，实现乡村工业之间联动、乡村工业与村民生活联享、乡村工业与农村现代化联进的发展目标。

第二，改革乡村农业生产方式，大力发展绿色农业。推行乡村农业的新一轮“耕作革命”，大力推广节约型农业技术，减少农药、化肥等化学工业品的使用，积极推广使用农家有机肥，切实保护好耕地及农村生物资源，发展绿色农业，利用乡村自然资源和农业资料，实现人与环境的和谐共生。

第三，加大乡村再生资源的生态回收利用力度，拓展乡村生态空间。坚持开源和节流并举的方针，集中处理回收乡村工业废弃物，发展循环经济。全面推行农村生活垃圾集中收集处理，扩大农业废弃物效用，变废为宝，节约农村生态资源。

第四，大力开展“美丽乡村”的创建和宣传，营造良好乡村生态氛围。推进美丽乡村示范县、示范乡镇、特色精品村和风景线创建与宣传，构建县、乡、村、户的全线美丽格局，加强美丽乡村和生态文明宣传教育，营造“美丽乡村，人人有责”的良好生态氛围，助推绿色城镇与美丽乡村建设。

6. 全面加强乡村人才队伍建设，持续推进绿色城镇与美丽乡村建设

绿色城镇与美丽乡村建设是一项国家战略和系统工程，必须破解人才瓶颈制约，建设一支强大的人才队伍，支撑和推动新时代绿色城镇与美丽乡村建设。

第一，培养人才，保证绿色城镇与美丽乡村建设力量。绿色城镇与美丽乡村建设，农民是主体。首先对乡村现有种养大户、经纪人、专业户进行专业培训，提升他们的技术能力、市场敏锐度和管理水平。其次对普通农民进行定向培训，使他们在农村产业发展方面具有一技之长，成为新型职业农民，造就一支推动农业农村发展的生力军。

第二，引进人才，充实绿色城镇与美丽乡村建设力量。根据绿色城镇与美丽乡村建设需要，出台人才引进政策，在编制、住房、子女就学、配偶就业等方面出台相应的配套服务政策，吸引和支持大学毕业生和各类农业专业人才积极投向绿色城镇与美丽乡村建设事业。

第三，留住人才，强固绿色城镇与美丽乡村建设力量。建立和创新各类乡村人才激励机制，积极搭建人才成长和发展的各类平台，为他们提供宽厚包容、人尽其才的环境，调动他们投身农业的热情，鼓励和支持大批人才留在农村、扎根农村，不断巩固绿色城镇与美丽乡村建设的人才基础。

第四，外聘人才，壮大绿色城镇与美丽乡村建设力量。积极对接各个相关高校、科研机构和行业企业，聘请教授、专家学者、产业技术能手、知名企业家组建绿色城镇与美丽乡村建设专家智库，强化绿色城镇与美丽乡村建设的决策咨询和专家指导，推进绿色城镇与美丽乡村建设不断再上台阶。

第四节 统筹推进城乡一体化建设

中国长期是一个以传统农业为主体的国家，城乡差异与发展不平衡由来

已久。统筹城乡发展，促进城乡一体化建设，补好农村、农业、农民长期发展滞后的短板，是全面建设小康社会的客观要求。党的十九大报告认为，“城乡区域发展和收入分配差距依然较大，群众在就业、教育、医疗、居住、养老等方面面临不少难题”[①]，并进而提出实施乡村振兴战略，“要坚持农业农村优先发展，按照产业兴旺、生态宜居、乡风文明、治理有效、生活富裕的总要求，建立健全城乡融合发展体制机制和政策体系，加快推进农业农村现代化”[②]。这是中国特色社会主义进入新时代中国共产党对于乡村发展目标的新定位，是促进城乡一体化建设的新举措。

一　城市与乡村的形成及其关系演变

随着社会分工的发展，出现了农业和工商业的分离，进而逐渐催生了城市和乡村这两种存在形态。城市与乡村的差异在资本主义社会就已经非常明显，马克思和恩格斯在对资本主义社会生产方式进行分析的过程中，形成了关于城乡关系的系统理论，认为城市与乡村的分离是人类社会发展到一定阶段的产物，走向融合是未来社会主义社会城乡关系的必然趋势。

生产力的发展是城市和乡村形成以及城乡关系变化的根本动力，城乡关系将随着生产力向前发展而不断变化。在人类社会早期，人们靠采摘、狩猎为生，后来有了农作物种植和家畜蓄养，在这种落后的生产力水平下，没有城市和乡村的差别。城市是从乡村中诞生的，乡村是城市的摇篮，乡村在社会系统中占据主导地位。随着劳动生产率的提高，手工业与农业出现分离，城市和乡村也日趋分离。“财富在迅速增加，但这是个人的财富；织布业、金属加工业以及其他一切彼此日益分离的手工业，显示出生产的日益多样化和生产技术的日益改进；农业现在除了提供谷物、豆科植物和水果以外，也提供植物油和葡萄酒，这些东西人们已经学会了制造。如此多样的活动，已

① 习近平：《决胜全面建成小康社会 夺取新时代中国特色社会主义伟大胜利——在中国共产党第十九次全国代表大会上的报告》，人民出版社 2017 年版，第 9 页。

② 习近平：《决胜全面建成小康社会 夺取新时代中国特色社会主义伟大胜利——在中国共产党第十九次全国代表大会上的报告》，人民出版社 2017 年版，第 32 页。

经不能由同一个人来进行了。”[①] 在农业和手工业的分工下，“任何人都有自己一定的特殊的活动范围，这个范围是强加于他的”[②]，这种农业和手工业者固定的活动范围逐渐演化为乡村和城市。在工业化时代，城市与乡村的关系逐渐走向对立，城市的规模效应集聚了大量资源，乡村则日渐落后，乡村成为城市发展的资源供给地。

城乡关系的最终趋势是走向融合，城乡融合是未来共产主义社会的重要特征。随着生产力的发展，“那些将消除旧的分工以及城市和乡村的分离、将使全部生产发生变革的革命因素已经以萌芽的形式包含在现代大工业的生产条件中”。[③] 在社会主义公有制下，“由社会全体成员组成的共同联合体来共同地和有计划地利用生产力；把生产发展到能够满足所有人的需要的规模；结束牺牲一些人的利益来满足另一些人的需要的状况；彻底消灭阶级和阶级对立；通过消除旧的分工，通过产业教育、变换工种、所有人共同享受大家创造出来的福利”[④]，这实际也就使城乡关系走向了融合。马克思和恩格斯进一步从联合体的物质资料生产的角度指出，城乡的融合是未来共产主义社会存在的重要特征，“城市和乡村之间的对立也将消失。从事农业和工业的将是同一些人，而不再是两个不同的阶级，单从纯粹物质方面的原因来看，这也是共产主义联合体的必要条件”[⑤]。

综上可见，城乡关系是由社会分工造成的，并沿着城乡混沌—城乡分离—城乡对立—城乡融合的历史脉络向前演进，缩小城乡差别，最终实现城乡一体化是未来的必然趋势。

城乡一体化并不是城乡一元化。“城市就是城市，乡村就是乡村”，城市与乡村属性不同、功能不同，但承载着同等重要的价值，需要有机地结合在一起。在当下，城乡一体化并不是消灭城乡差异，既不是乡村城市化，也不是城市乡村化，更不是城乡一样化、均质化，而是消除不平等的城乡二元结构体制，消除市民与农民在就业、社会保障、政治地位等方面的差别，改

---

① 《马克思恩格斯全集》第 28 卷，人民出版社 2018 年版，第 191 页。
② 《马克思恩格斯选集》第 1 卷，人民出版社 2012 年版，第 165 页。
③ 《马克思恩格斯选集》第 3 卷，人民出版社 2012 年版，第 685 页。
④ 《马克思恩格斯选集》第 1 卷，人民出版社 2012 年版，第 308 页。
⑤ 《马克思恩格斯选集》第 1 卷，人民出版社 2012 年版，第 308 页。

变城乡截然分开和对立的局面，实现城乡有机融合。城乡一体化的本质内涵就是“以人为本、权利平等”，无论是市民还是村民，在政治、经济、教育、社会活动中均享有平等机会、平等权利和平等地位。“以人为本”的城乡一体化发展应是统筹城乡发展，充分发挥城市与乡村各自优势，逐步形成所有公民平等共享发展成果的、融合的、协调的社会结构。

二　我国推进城乡一体化建设的政策支持

随着社会主义市场经济体制改革的发展，城乡之间的隔阂被打破，城乡之间的要素流动增强，这一方面给农村带来了发展的活力；另一方面，市场机制促使生产要素从农村自发地流向城市，使城乡经济发展差距进一步被拉大，城乡居民收入水平差距也进一步扩大。到了21世纪以后，党中央开始逐步重视这一问题，2002年，党的十六大提出，“统筹城乡经济社会发展。建设现代农业，发展农村经济，增加农民收入，是全面建设小康社会的重大任务”。首次明确了统筹城乡经济社会发展的要求，标志着城乡发展进入城乡统筹阶段。2003年，党的十六届三中全会通过的《中共中央关于完善社会主义市场经济体制若干问题的决定》中，把“统筹城乡发展”列为五个统筹之首。如何统筹城乡发展，2004年，党的十六届四中全会的报告中提出“两个趋向”的论断：“在工业化初始阶段，农业支持工业，为工业提供积累是带有普遍性的趋向；在工业化达到相当程度后，工业反哺农业、城市支持农村，实现工业与农业、城市与农村协调发展，也是带有普遍性的趋向。”2006年，党的十六届六中全会通过的《中共中央关于构建社会主义和谐社会若干重大问题的决定》中提出，将“城乡、区域发展差距扩大的趋势逐步扭转”“覆盖城乡居民的社会保障体系基本建立”作为构建社会主义和谐社会的主要任务内容。

在全面建设小康社会的新阶段，加快农村发展、促进城乡一体化建设是党中央工作的重要内容。2012年，党的十八大报告提出：“坚持工业反哺农业、城市支持农村和多予少取放活方针，加大强农惠农富农政策力度，让广大农民平等参与现代化进程、共同分享现代化成果。”“加快完善城乡发展一体化体制机制，着力在城乡规划、基础设施、公共服务等方面推进一体化，促进城乡要素平等交换和公共资源均衡配置，形成以工促农、以城带乡、工农互惠、城乡一体的新型工农、城乡关系。”在形成城乡经济社会发展一体化新格局的基础上，要不断建立健全体制机制，扭转农村的弱势地位，促进城乡共同繁荣。这标志着我国进入城乡发展一体化体制机制更加健全、逐步实现城乡融合的新阶段。2017年，党的十九大报告提出实施“乡村振兴”战略，这是补好乡村发展滞后的短板，促进城乡一体化的重要举措。

三 统筹推进城乡一体化建设的浙江实践

浙江是最早在政策上提出城乡一体化的省份之一。习近平同志主政浙江时期，“从全局的高度统筹城乡发展”[①]，在全国率先推出城乡一体化发展战略。早在2003年，习近平同志就把“进一步发挥浙江的城乡协调发展优势，统筹城乡经济社会发展，加快推进城乡一体化”作为“八八战略”的重要组成部分，并认为，“城乡一体化是解决‘三农’问题的根本出路”。他提出的城乡一体化有三层含义：“一是鼓励农民进城，推进农民非农化”；“二是培育小城镇，建设新农村”；“三是推进农业产业化，发展农村经济”。[②]

习近平同志关于统筹城乡发展的总体性思想在2004年底浙江省委出台的《浙江省统筹城乡发展 推进城乡一体化战略纲要》中得到充分体现。该纲要明确指出：统筹城乡发展、推进城乡一体化，就是要把城乡经济社会作为一个整体统一筹划，打破城乡二元结构，实现城乡互补、协调发展和共同繁荣。按照该纲要的要求和规划，十几年来，浙江加快推进统筹城乡一体化建设，按照重点推进、全域覆盖的要求，着力推进城乡规划一体化、产业发展一体化、基础设施一体化、公共服务一体化、社会管理一体化、生态建设一体化“六个一体化”，促进城乡要素资源平等交换、城乡产业联动发展、基础设施互联互通、公共服务优质均等、生态环境共建共保，加快形成城乡一体化发展新格局。

---

① 习近平：《之江新语》，浙江人民出版社2007年版，第45页。

② 习近平：《干在实处 走在前列——推进浙江新发展的思考与实践》，中共中央党校出版社2006年版，第159～160页。

1. 推进城乡规划一体化

城乡规划一体化是城乡一体化发展的重要前提，浙江坚持把统筹规划作为加快城乡一体化的首要任务来抓。首先，建立健全统筹城乡发展规划体系。2004 年，浙江就在全国率先制定和出台了《浙江省统筹城乡发展 推进城乡一体化纲要》，明确提出了六大任务和七项战略举措。各市和县（市）也结合本地实际，制定和出台了相应的规划纲要或实施意见。打破传统的城乡分割、各自规划的格局，将农村地区纳入各类规划覆盖范围，统筹编制城乡发展规划，完善城乡规划体系，加强总体规划、经济社会发展规划、土地利用规划、生态环境保护规划“四划”之间的衔接协调，提高规划实施和管理水平，合理引导资源要素在城乡之间优化配置，基本形成了城乡统筹发展的规划体系，以规划一体化引领城乡一体化发展。其次，推进城乡规划体制改革。按照统筹城乡、规划先行的思路，加快推进全省规划体制改革。省、市、县都建立了规划综合协调机构，建立了由省主要领导主持的省级规划协调制度，加强城乡规划的统一管理和协调，较好地改变以往城乡规划“政出多门”的无序状况，促进了公共资源在城乡发展中的优化配置。出台《关于国民经济和社会发展专项规划管理暂行规定》，建立规划立项、编制、衔接、论证、审批、发布等全程管理制度；厘清了规划体系的功能分工，健全了规划制定实施机制。最后，制定市、县区域空间的总体规划，促进城乡空间协调发展。城乡空间协调发展指打破城乡发展的空间限制，将城乡作为整体，按照相对统一的发展标准进行合理布局，从而形成城乡空间分布均衡的新局面。制定和完善村庄布局规划，调整村庄布局和规模。进一步完善城乡交通道路、农村供水、农村教育卫生等专项规划。

2. 推进城乡产业一体化

城乡经济一体化是实现城乡一体化链条中最重要的一环。产业是经济发展的基础，城乡经济一体化归根到底是城乡产业一体化的发展，城乡产业一体化是城乡一体化发展的重要支撑。推动城乡产业一体化发展，要因地制宜，发挥比较优势，按照区域化、差异化、融合化、高端化的要求，加快推进产业结构优化升级，着力构建具有竞争力和发展活力的现代产业体系，推动城乡产业联动、融合发展，为城乡一体化发展提供强有力的产业支撑。首先，加快城镇化进程，发展城镇经济。浙江省加快杭州、宁波、温州等中心城市建设，支持嘉兴、绍兴、金华等城市做大做强，鼓励支持中小城市和小城镇发展。通过乡镇行政区划调整促进人口集聚和生产要素集中，形成规模效应，提高经济社会发展效率。其次，打造特色小镇，促进产业融合。以人为本的新型城镇化，是城乡产业融合发展的主要载体。浙江省着力推进36个小城市培育试点镇，成为融合城乡产业发展的大平台。2014～2016年，用45亿元省专项资金，带动7550亿元投资，撬动5700亿元非国有投资；新增上市企业49家，新建医院6家。产业的快速发展，新集聚本地户籍人口18.2万人，让小城市成为农民就地城镇化的主要平台。以产业为核心的特色小镇，则是融合城乡产业发展的新平台。它们“特而强、聚而合、小而美、活而新”，聚集的不仅是进镇逐梦的“乡下人”，更有创业创新的“城里客”，体现的是五大发展理念的生动实践。资本、智力、公共服务等要素，迅速向小镇流动聚合，为城乡一体化注入全新动力。最后，积极推进农业规模经营。全省农业承包地流转面积800余万亩，流转率达到31%。大力培育农业龙头企业，发展农村合作经济组织和农产品行业协会，截至2010年，全省各类农民专业合作经济组织达到3400个，农产品行业协会发展到500多家，“行业协会＋龙头企业＋专业合作社＋专业农户”的农业经营新体制初步形成。

3. 推进城乡基础设施一体化

城乡基础设施一体化是城乡一体化发展的重要内容。率先推进城乡交通运输一体化，加快城乡能源电力一体化进程，积极推进城乡供水和水利建设一体化，推进其他基础设施向农村延伸。党的十八大以来，各级政府加大了对农业农村的投入力度，重点加强了农村基础设施建设，积极推进农村公路、小型农田水利建设，大力解决农村饮水安全，改造升级农村电网，开展农村危房改造，加强农村信息化网络设施建设等。浙江省政府也高度重视统筹乡交通基础设施建设，加快推进农村交通基础设施建设，构建起便捷的城乡交通网络。截至2017年，农村公路总里程增长到14万公里，道路状况、安全保障、服务水平都明显提升。城乡客运服务水平稳步提升，构建了城市交通、道路客运、镇村公交的三级城乡客运体系，基本实现了农村公共客运全覆盖。

2003 年，浙江实施农村饮用水工程，经过 15 年建设，有效地解决了农村 3200 万名居民的饮水问题。同时，全省建造了多个农村饮水安全工程区域水质检测中心，提高了农村饮用水的达标率，农村水质综合达标率达到 90%。农村饮用水工程的实施也有效地改善了农村“脏、乱、差”的生活环境，加快了美丽乡村建设的步伐。

4. 推进城乡基本公共服务一体化

基本公共服务是城乡一体化发展的基础性保障。以制度全覆盖、标准差距缩小、服务网络健全、供给方式创新为要求，以加快缩小城乡、区域和群体间的基本公共服务在资源投入、设施配置和标准质量等方面的差距为重点，探索制度公平、服务优良、供给高效、能力持续的基本公共服务城乡一体化新模式。促进城乡教育均衡发展，优化配置城乡医疗卫生公共资源，推动城乡基本养老保险和医疗保险制度并轨、标准统一，完善整合城乡新型社会救助制度，加快就业保障和服务向农村延伸，有序推进城镇保障住房向常住人口全覆盖，建立惠及城乡居民的公共文化、体育服务体系。

教育公平迈出重大步伐，一是注重将城市的优质教育资源向教育相对落后的乡镇倾斜，提高乡镇学校的教学水平。二是基本实现外来务工子女与城市学生共享教育资源。《2017 年浙江教育事业发展统计公报》显示，截至 2017 年，浙江义务教育中小学进城务工子女在读人数为 148.64 万人，在公办学校就读人数为 109.2 万人。

优质医疗资源下沉，农村医疗水平提升，群众“看病难”的紧张局面得到缓解。全省实现了每个建制乡镇有 1 所乡镇卫生院，规范化机构达到 80% 以上，基本形成“20 分钟医疗卫生服务圈”。实现了群众在“家门口”就能享受到及时、优质的医疗服务，群众看病的便捷性和及时性大大提高。2017 年，城乡居民医保参保 5251.64 万人，总参保率达到 98.96%，基本形成了全民享受医保的良好局面。

2018 年 6 月，随着衢州市实施最低生活保障标准城乡一体化，浙江率先在全国全面实现了县（市、区）域范围内低保标准城乡一体化，全省人均月低保标准达到 744 元。

5. 推进城乡社会治理一体化

习近平同志在参加十二届全国人大二次会议上海代表团审议时的讲话中指出："基层是一切工作的落脚点，社会治理的重心必须落实到城乡、社区。"城乡一体化发展需要一体化的社会治理体系，促进城镇与乡村社会治理有序接轨，实现城乡社会治理"纵向到底、横向到边"。深化社区党组织、社区居委会、社区公共服务工作站"三位一体"社区组织建设，发挥社区服务中心医疗保健、文化娱乐、生活服务、法律服务、就业和社会保险等综合服务功能。切实转变政府职能，创新行政管理方式，按照建设服务型政府的要求，积极推进政府由"命令式"管理向"指导式"服务转变。完善基层组织自治结构，健全基层党组织领导的社区民主管理和村民自治制度。完善城乡社区综合服务功能，努力把城乡社区建设成为服务完善、管理有序、文明祥和的社会生活共同体。

6. 推进城乡生态建设和环境保护一体化

2005 年，时任浙江省委书记习近平同志在浙江湖州安吉考察时，首次提出了"绿水青山就是金山银山"的科学论断。"八八战略"也明确提出，要"进一步发挥浙江的生态优势，创建生态省，打造'绿色浙江'"。

城乡生态环境建设和保护一体化就是将经济、社会与生态作为一个整体的复合系统来考虑，把城乡生态一体化作为增强城市核心竞争力的最为重要的方面，努力打破经济与生态对峙的旧观念，走经济生态化、生态经济化的发展道路，彻底改变疏于和忽视农村环境保护的倾向，按照建设生态城市的要求将城市化地区与农村化地区的生态环境统一纳入一个大系统中来规划、发展。

没有农村的良好生态环境就没有城市的良好生态环境，生态建设和环境保护一体化重点和难点在农村。浙江省加强水域生态修复和水环境保护，大力开展大气污染综合治理，积极保护土壤生态系统，加强固体废弃物污染防治，构建城乡良性互动的生态保护与建设格局。

第五章

生态经济与美丽浙江建设

生态经济是生态文明建设的基础。要全面建成美丽浙江，就要牢固树立和深入践行“绿水青山就是金山银山”的理念，把生态文明建设作为千年大计，健全绿色低碳循环发展的经济体系，完善绿色金融体系，真正实现经济发展方式的转变，推进绿色发展。

第一节　经济发展的“生态化转型”

浙江一直是改革的前沿，民营经济活跃，“温州模式”闻名全国。虽然民营经济的活跃带来经济的快速发展，但是其本身的一些缺点如技术水平不高、污染严重、产业布局不合理、小微企业众多、核心竞争力缺乏等已经成为阻碍经济提升的重要因素。因此要发展生态经济，就需要对现有的经济发展模式进行改善，向“生态型”经济转变。

一　坚持经济转型升级

1. 积极淘汰落后产能

为指导落后产能淘汰工作，浙江出台了明确的规划和淘汰落后产能目录，包括《浙江省淘汰落后产能规划（2013—2017年）》《浙江省淘汰落后生产能力指导目录（2012年本）》等。同时，组建专门的领导小组和办公室，建立一系列的体制机制。加强部门间的协作，通过多部门的联合推动，促进落后产能淘汰任务的分解落实。综合运用法律、经济、技术和必要的行政手段，严格执法，确保落后产能被淘汰。

丽水是浙江较为落后的地区，由于历史和区位因素，丽水承接了温州、台州等地的产业梯度转移，工业产业中技术含量低、能源消耗大、深加工能力不强的企业占据一定的比例。从数据上看，2013年丽水市工业结构中，传统产业占比超过80.0%，以不锈钢、合成革、阀门为代表的重工业占比达71.4%。重工业在全市国民经济构成中仍占据主导地位。为发展生态经济，丽水市痛下决心，铁腕整治，通过环境整治、行业整治，清除“黑色”GDP。到2015年丽水全市共减少黑色工业产值200多亿元。在全省率先出台“负面清单管理”，在产业选择上坚持“五不要”，提出了限制发展类项目27项、禁止类项目33项。通过加强合成革生态化改造、不锈钢产业提升工程、钢铁行业整治、“低小散”行业整治等措施，全市共整治阀门、铸造、竹木制品加工、石材加工等“低小散”企业2000多家。加强节能降耗工作，全市单位GDP能耗累计下降21.0%，超额完成省下达目标，单位GDP能耗0.41吨标准煤，在全省处于领先地位。

2. 推进土地节约集约利用

2008年浙江发布了《浙江省人民政府关于切实推进节约集约利用土地的若干意见》，2013年省政府办公厅又发布了《全省实施“亩产倍增”计划深化土地节约集约利用方案》，以提高全省土地资源节约集约利用水平①。通过实行新增建设用地“节流减量”、加快存量建设用地“挖潜增效”、推进批而未用土地“减量加速”、实施城镇低效用地再开发、促进开发区用地集约高效，浙江土地节约利用情况明显改善。

3. 改造提升传统产业

传统产业是浙江国民生产经济的基础，创造了绝大部分的产值、利税和就业机会，是浙江的基础产业、民生产业和支柱产业，改造提升传

① 《浙江省人民政府办公厅关于印发〈全省实施“亩产倍增”计划深化土地节约集约利用方案〉的通知》，http://www.zj.gov.cn/art/2013/8/26/art_13012_100754.html，2013年8月26日。

统产业对浙江经济发展和转型升级具有重大意义。通过构建传统产业改造提升的政策体系、培育传统产业改造提升的领军企业、在传统产业改造提升中培育一批成长型中小企业、充分发挥块状经济的主体作用、推动企业两创融合等措施，实现浙江传统产业的现代化和信息化改造，增强发展动力。

以丽水为例。丽水根据自己的实际情况，重点对现代装备制造业和环保材料产业进行升级改造。在现代装备制造业领域，突出抓好机械设备、汽摩配、金属制品、阀门制造四大产业集群的高端化、智能化技术创新，完成青田县阀门铸造行业的整治工作。在环保材料产业领域，突出抓好不锈钢和合成革产业生态化改造。此外，丽水还积极实施装备的智能化改造，为此丽水市政府已经出台《关于促进企业技术改造的实施意见》，推动企业的技术改造，力争全市工业技术改造投资占工业投资的比重达到60%以上。大力开展机械换人工、单台换成套、数字换智能行动，力争机器装备投入占工业投资的比重达到40%以上。

为进一步加快企业升级改造的速度，丽水市出台了《丽水市工业企业绩效综合评价和要素差别化管理的实施意见》，根据对企业占地情况、用电量、产值、排污量、税收等综合效益的客观评价结果，对企业进行分类，包括优先发展、鼓励提升和重点整治三个类别。对不同的类别，在用电、用地、排污、信贷等资源要素方面进行差别化配置。

4. 积极发展战略性新兴产业

加快推进战略性新兴产业发展，是推动产业转型升级的关键举措。2011年，《中共浙江省委 浙江省人民政府关于加快培育发展战略性新兴产业的实施意见》出台，将物联网、高端装备制造、新能源、新材料、节能环保、生物、新能源汽车、海洋新兴产业和核电关联产业九个产业列为战略性新兴产业，按照产业发展规划明确发展思路、发展目标、重点领域、重点任务和政策措施，制订落实年度实施方案，明确年度目标任务和责任分工，加快培育扶持，推动产业发展。

此后，浙江相继出台了浙江省信息经济发展规划、浙江省促进健康服务业发展的政策意见和浙江省高端装备制造业发展规划等，预计到2020年浙江信息经济核心产业主营业务收入将超过3万亿元，基本建立覆盖全生命周期，内涵丰富、形式多样、结构合理的健康服务体系，形成万亿朝阳产业；培育50家百亿级骨干企业，5000家“专、精、特、高”的装备制造业科技型中小企业，100家集成制造业和工业工程公司；培育形成50个具有较强创新能力和市场竞争力的高新技术产业化基地，10个现代装备产业高新园区，重点发展新能源汽车及轨道交通装备、高端船舶装备、光伏及新能源装备、高效节能环保装备、机器人与智能制造装备及关键基础件等十个领域。

二 实施“四换三名”

“四换三名”工程就是加快腾笼换鸟、机器换人、空间换地、电商换市的步伐，大力培育名企、名品、名家，从而破解目前浙江经济的一系列结构性问题。

腾笼换鸟。目的是破解过多依赖低端产业的问题。大力发展战略性新兴产业、高新技术产业、高端装备制造业等。其实质是用创新驱动的先进生产力替代资源要素投入驱动的落后生产力。

机器换人。目的是破解过多依赖低成本劳动力的问题。鼓励和支持企业进行技术创新，用技术更加先进、自动化程度更高的工艺设备来替换现有的相对落后的工艺设备，用先进装备替代低端劳动力。其本质是以设备更新为载体的技术创新、工艺创新和管理创新。

空间换地。目的是破解过多依赖资源要素消耗的问题。其核心是推进土地节约集约利用，不断提高单位土地、能源、环境容量等要素的产出率，强化以“亩产论英雄”的理念，实现土地的永续利用和高效利用。

电商换市。目的是破解过多依赖传统市场和传统商业模式的问题。大量发展电子商务，积极利用互联网来拓展新市场、新空间和新领域。其实质是商业模式的变革与创新。

名企。到2017年底，培育200家左右具有较大影响力、综合竞争力进入国内同行前三位的知名企业。其中主营业务收入超过100亿元的龙头骨干企业100家左右，包括工业企业60家、服务业企业40家。培育10000家左右高新技术企业。

名品。到 2017 年底，培育 300 个在国内外拥有较高市场占有率和较高消费者满意度的产品品牌，10 个具有国际知名度和影响力的区域品牌，培育品牌企业 100 家左右。

名家。到 2017 年底，培育 100 名具有全球视野的高水平现代企业家，培养 100 个具有现代化管理理念的企业管理团队，培育 100 个具有较强自主创新能力的技术团队，努力使浙江省成为全国企业家、管理和技术团队的创新高地。

培育名企、名品、名家，是为了破解过多依赖低小散企业的问题，就是要加快培育一批知名企业、知名品牌和知名企业家，打造行业龙头，形成以大企业为主体、大中小企业协作配套的产业组织框架。其本质是产业组织的创新。

三　实施创新驱动

1. 大力推进企业自主创新

浙江省委、省政府提出“标本兼治、保稳促调”的总体思路，破解发展难题，鼓励企业自主创新，率先转型升级，努力做精做强。[①] 2006 年，省委、省政府专门出台了《关于加快提高自主创新能力　建设创新型省份和科技强省的若干意见》；2008 年，浙江省工商局出台了《关于贯彻“保稳促调”方针 进一步减轻企业负担的通知》，浙江省质监局发出《关于实行收费减免 切实减轻企业负担的通知》，全方位扶持和鼓励企业自主创新。[②] 通过引导企业增加科技投入、加强企业科技合作与交流、加强知识产权保护、支持企业大力培养和吸收创新人才、加大金融支持力度等措施，浙江企业的自主创新能力大幅提升。

① 袁亚平：《浙江鼓励企业增强自主创新能力》，http：//politics. people. com. cn/GB/14562/7691807. html，2008 年 8 月 19 日。

② 钱玉红、吕国昌、吴幼祥：《新增 4 亿元支持科技攻关浙江鼓励企业自主创新》，《杭州日报》，http：//biz. zjol. com. cn/05biz/system/2006/05/18/006626080. shtml，2006 年 5 月 18 日。

从2013年开始，浙江全面实施创新驱动发展战略，开启现代化浙江建设新的强大引擎，坚持以优化产业结构为主攻方向，着力打造浙江经济“升级版”；坚持以企业为主体，着力推进产学研协同创新；坚持以市场为导向，着力从需求端推动科技成果产业化；坚持以创新平台为载体，着力拓展转型升级和创新发展空间；坚持以人才为根本，着力加强创新团队和创新人才队伍建设；坚持以深化改革开放促创新，着力激发创新活力和提升创新效率；坚持以优化环境为保障，着力形成党委领导政府引导各方参与社会协同的创新驱动发展格局。

2. 提升市场主体

浙江省委、省政府从2013年提出要大力推进以“个转企、小升规、规改股、股上市”为主要内容的市场主体升级行动，从而推进经济转型升级，优化市场结构，提升市场主体的层次。在具体措施上，浙江省委、省政府切实加大对个体经济和小微企业转型升级的支持服务力度，增强业主转型升级的内在动力。

同时浙江省委、省政府滚动实施“小微企业三年成长计划”，构建起有利于小微企业成长升级的有效工作平台，有效破解制约小微企业发展的瓶颈和难题，显著优化小微企业的整体发展环境，增强小微企业的科技活力和整体竞争力，升级其产业结构和品牌，着力推动小微企业由“低、散、弱”向“高、精、优”迈进。

第二节 发展生态经济

一 发展生态循环农业

为了推动生态农业发展，2010年浙江省政府下发《关于印发〈浙江省发展生态循环农业行动方案〉的通知》。2011年，浙江省农业厅印发《浙江省生态循环农业发展“十二五”规划》。而后浙江省农业厅每年印发发展生态循环农业实施计划。为了进一步推进这项重要工作，2014年，浙江省政府再次下发《关于加快发展现代生态循环农业的意见》。2014 年，农业部批复同意浙江为全国唯一的现代生态循环农业发展试点省。根据实施方案，通过三年努力，基本构建“企业小循环、区域中循环、县域大循环”的循环利用体系，建成 100 个示范区和 1000 个示范主体。[①]

1. 发展生态循环农业的主要举措

（1）基本建立政策制度体系

根据现代生态循环农业发展要求，浙江省人大、省政府先后颁布农作物病虫害防治、动物防疫、耕地质量管理、农业废弃物处理与利用、畜禽养殖污染防治等制度规章；省政府先后出台加快畜牧业转型升级、加快发展现代生态循环农业、商品有机肥生产与应用、推进秸秆综合利用、创新农药管理机制、发展乡村清洁能源、农药废弃包装物回收和集中处置等意见和办法；农业部门或会同相关部门先后制定畜禽养殖场污染治理达标验收办法、沼液资源化利用、生猪保险与无害化处理联动、养殖污染长效监管机制、化肥和农药减量增效、废旧农膜和肥料包装物回收处理等指导意见和实施方案，基本建立了现代生态循环农业法规和政策体系。

（2）全面实施农业水环境治理

认真贯彻浙江省委“五水共治”决策部署，全面实施农业水环境治理，推动农业转型升级。一是全面治理畜禽养殖污染。根据生态消纳环境承载能力和排放许可，重新调整划定畜禽养殖禁限养区，关停或搬迁禁养区畜禽养殖场 7.46 万家，对年存栏 50 头以上的 54533 家畜禽养殖场实行全面治理，其中关停 4.5 万家，治理保留近 1 万家，组织开展生猪散养户和水禽场治理；以畜牧业主产县市为主建成 41 家死亡动物无害化集中处理厂，基本建立了生猪保险与无害化处理联动机制，基本构建了病死动物无害化处理体系，基本消除了主要江河流域性漂浮死猪现象。二是全面实施肥药减量增效。大力推广测土配方施肥技术、商品有机肥和新型肥料应用，以及高效环保农药、病虫害绿色防控和统防统治。

---

① 张明生：《浙江发展生态农业的实践、问题与对策》，《浙江农业科学》2015 年第 7 期。

（3）实施农业设施提升改造工程

着力改进生产作业装备，大力发展设施农业，建立补贴机制，鼓励利用地力难以提升的山地丘陵、沿海滩涂等发展设施农业，集中力量建设一批设施农业示范基地。积极推进农业机械化，建立高耗低效农业机械报废更新补贴机制，扩大低耗高效新型农机具应用，提高农业机械化整体水平。与此同时，着力改善加工流通设施，因地制宜推进农产品加工园区建设，支持农业企业技术改造，减少加工环节原料浪费和废物排放，提升农产品精深加工水平。加快推进农产品储藏保鲜设施建设，支持农产品产地市场建设冷藏保鲜设施，逐步形成从产地到市场完整的冷链运输系统，减少流通环节的农产品损失和消耗。①

（4）构建三级循环体系

按照浙江省政府发展生态循环农业行动方案，省农业厅会同相关部门组织开展“2115”生态循环农业示范工程，制定示范建设标准，建成省级生态循环农业示范县22个、示范区104个（面积达98万亩）、示范企业101个，省级财政安排示范项目680个，投入4.5亿元。农业生产经营主体内部应用种养配套、清洁生产、废弃物循环利用等技术，实现主体小循环；在生态循环农业示范区内，通过建设推广环境友好型农作制度、农牧结合模式、集成减肥减药技术、秸秆综合利用，实现园区中循环；以县域为单位，通过产业布局优化、畜禽养殖污染治理、种植业清洁生产、农业废弃物循环利用等，整体构建生态循环农业产业体系，实现县域大循环，基本构建起点串成线、线织成网、网覆盖县的现代生态循环农业三级循环体系。

（5）全面启动试点省建设

农业部批复同意浙江开展试点省建设以来，浙江先后与农业部签署部省合作共建备忘录，制定试点省实施方案和三年行动计划，围绕“一控两减三基本”目标任务，全面启动“十百千万”推进等六大行动。在湖州、衢州、丽水3市和41个县（市、区）整建制推进现代生态循环农业，落实创建现代生态循环农业示范区110个、示范主体1030个、生态

---

① 孙景淼：《发展浙江特色的生态循环农业》，《今日浙江》2010年第16期。

牧场10000家左右。在整建制推进县（市、区）中，初步形成畜禽养殖污染治理“达标验收+有效监管”、病死猪无害化处理“保险联动+集中处理”、农药废弃包装物回收处置“集中回收+环保处置”、秸秆利用与禁烧“激励利用+责任监管”等长效机制；在示范区建设中，集成推广化肥农药减量技术；在示范主体建设中，围绕种养配套、清洁化生产、农业废弃物资源化利用、沼液配送服务、畜牧业全产业链五类主体，建成示范主体462个。①

2. 生态循环农业的主要模式

（1）减量化模式

龙泉市通过大力推广喷滴灌、微蓄微灌、肥水同灌和测土配方施肥、病虫害绿色防治等节水、节肥、节工、节本技术，有效减少农药化肥投入，既减轻了对土壤、水体的污染，又提高了农作物品质。2014年全市推广黑木耳喷灌1333公顷，茶叶喷灌376公顷，山地蔬菜微蓄微灌267公顷，沼液用于毛竹山、珍稀苗木基地喷灌面积133公顷；建立测土配方施肥长期定位监测点8个，建成测土配方施肥示范区3个，推广测土配方施肥2.4万公顷，实施农药减量控害增效工程667公顷，病虫统防统治300公顷。②

（2）农业废弃物循环利用模式

为综合利用废弃物，平湖市推广“稻—菇—芦笋（西瓜）”循环模式，将水稻种植和食用菌培育过程中产生的废弃物作为水稻种植的有机肥和土壤疏松剂，改良土壤结构，提高了芦笋（西瓜）的产品质量。

金华市金东区大堰河农场将畜禽尿液等农场废弃物通过沼气工程转化为有机肥，用于寨春农业开发公司40公顷水果、蔬菜的生产，提高了产品的产量和质量。同时，该农场将有机肥用于水产养殖，27公顷的水产养殖基地每年可减少豆粕、菜饼等饲料67吨，节省饲料成本23万元。③

---

① 《浙江省生态循环农业发展“十三五”规划》，http：//www.zj.gov.cn/art/2016/8/22/art_5495_2181193.html，2016年8月22日。

② 陈小俊、蔡欣、刘善红：《龙泉市发展生态循环农业的主要模式、措施与成效》，《浙江农业科学》2016年第3期。

③ 沈满洪、李植斌、马永喜等：《2013浙江生态经济发展报告》，中国财政经济出版社2014年版。

（3）经济作物与粮食作物轮作模式

龙泉市因地制宜地促进农作制度创新，大力发展设施农业，推广黑木耳—晚稻、蔬菜—晚稻、草莓—晚稻等经济作物与粮食作物轮作模式。在稳定粮食生产的基础上，有效促进了农业增效、农民增收，形成了一批“千斤粮，万元钱”的典型。如耳—稻轮作就是利用水稻生产的冬闲田栽培一季黑木耳。黑木耳头年10～11月下田，第二年4月基本采收完毕，5月清场翻耕移栽单季稻。这种轮作方式既有利于净化耳场，又对减少水稻病虫发生基数有作用，将部分废菌棒还田后，还可以增加土壤有机质，疏松土壤，培肥地力，农田年净收入可达每公顷30万元以上。

（4）生态循环农业园区模式

义乌市原源农业开发有限公司位于大陈镇宦塘村黄岗岭地段，是一家进行水果蔬菜种植、湖羊生态化养殖的综合性农业开发责任有限公司。2013年公司在通过环境评估、技术规划认证和设施农用地报批等手续的基础上，凭借独特的三面环山、地处半山腰、下有大量农田的地理优势，经整体高端规划，不断加大技术创新力度，开展养殖场污染减量化、无害化、生态化、资源化处理，创建了农作物秸秆—羊—沼气—牧草—羊的农牧结合、农作物秸秆综合利用的生态循环农业模式。为了减少农业面源污染，公司与宦塘村食用笋合作社签约，将该合作社逾100公顷的食用笋基地产生的笋壳等废弃物全部收集至养殖场内，通过粉碎机将笋壳粉碎加工成湖羊饲料，使笋壳得到饲料化利用。在此基础上，公司还将回收种植废弃物范围扩大至稻秆、高粱渣、加工红糖后产生的糖梗渣等诸多农作物秸秆废弃物，并通过秸秆粉碎机将秸秆粉碎加工成湖羊饲料，用于喂养湖羊，使秸秆废弃物得到饲料化利用。公司按照雨污分离、干湿分离的工艺要求，建成干粪房210平方米、雨污分流管道逾3000米、厌氧发酵池100立方米、无害化处理池50立方米。羊粪全部收集至防渗、防雨、防漏的干粪房内，堆沤发酵后作有机肥使用；羊尿及污水则通过收集管道入厌氧发酵池内进行无害化处理。厌氧发酵后产生的沼气用于养殖场内部发电、炊事、羊舍火焰消毒、职工淋浴等；产生的沼液通过铺设沼肥利用管道，用于牧草基地上的牧草、玉米等作物种植，实现废弃物的生态化消纳、资源化利用和污染零排放。根据农作物的生长习性、吸收沼液能力和自身循环利用的经济价值，公司在青饲料基地，对3.33公顷农田山地进行分块轮耕轮作。在种植过程中，重视不同作物在不同季节对沼液养分的吸收利用能力，开展对墨西哥玉米、狼尾草、黑麦草、田藕、果蔗、雪里蕻等作物的种植试验，以寻找规律。通过试验，该养羊场夏秋季（5～10月）主栽墨西哥玉米、狼尾草等牧草类作物及果蔗等经济作物较好，冬春季（11月至翌年3月）种植黑麦草及雪里蕻等作物效果较佳。土地轮耕轮作、作物随季更换，不仅全年实现了养殖污水达标排放，还给养殖场带来了丰厚的经济效益①。

二　积极发展山区生态经济

1. 积极培育山区特色生态农业

着力培育优质高值的名牌农产品。大力推进科技兴农，加强农业科技创新，实施“种子种苗”工程，强化资源节约、绿色安全和加工增值技术等农业科技推广体系，大力开发名优新特农产品，加快优势产业和品牌产品培育，提高农产品的科技含量和附加值，增强市场竞争力。

以培育龙头企业为重点，以各类农业园区和基地建设为载体，把企业竞争力提高到一个新的水平。大力发展专业大户和专业合作社，增强农业龙头企业的市场竞争力和对农户的带动力。大力扶持农业龙头企业和专业合作组织，发展农产品加工业，组织农产品销售。浙江省扶持农业龙头企业、加大农产品出口龙头企业等专项资金，每年安排不少于1/3用于扶持欠发达地区农业龙头企业发展。

2. 积极培育特色工业

积极办好省级工业园区。对有一定工业基础的欠发达地区，浙江有关部

① 傅媛华、朱飞虹、王浙英、吴烨：《义乌市实施生态循环农业模式的主要措施及成效》，《现代农业科技》2014年第13期。

门适当降低门槛，支持建设省级特色工业园区或省级乡镇工业专业区，享受省有关优惠政策，并在用地指标上予以倾斜。

推进产业梯度转移。支持欠发达地区采取优惠措施，吸引省内外企业投资办厂，或以参股入股、收购兼并、技术转让等方式参与国有、集体企业改制。进一步鼓励个体私营企业发展。

加快发展开放型经济。“十五”期间，省级外贸出口发展基金，对欠发达地区的一般贸易出口每美元给予0.02元人民币的出口商品贴息；浙江投资贸易洽谈会免费为欠发达地区提供一定面积的展示区。

2012年，浙江发布了《浙江省山区经济发展规划（2012—2017年）》，提出浙东沿海山区重点发展先进制造业。充分利用沿海土地、人才等要素资源优势，改造提升纺织服装、金属制品、汽摩配等传统优势产业，拓展产业链，提升价值链，着力推进嵊州领带、永嘉泵阀等块状经济向产业集群转型升级。加快发展电子信息、生物医药、先进装备制造等产业，做大做强先进制造业。浙中北丘陵盆地山区重点发展先进制造业。围绕传统产业转型升级，重点发展汽车整车及关键零部件、新型纺织和服装、五金制造等先进制造业，着力推进金华永康武义汽摩配、诸暨大唐袜业、永康武义缙云五金等块状经济向产业集群转型升级，积极打造国内重要的先进制造业基地。浙西南内陆山区重点发展生态特色工业。大力发展以空气动力装备、高压输配电设备、工程机械等为重点的先进装备制造业，以传感器件、新型显示器件、半导体照明器件等为重点的电子信息业，以有机硅材料、氟硅复合材料、特种纤维等为重点的新材料产业等，着力构建资源节约型与环境友好型低碳产业体系，加快推进衢州氟硅、龙泉汽车空调零部件等块状经济向产业集群转型升级。

三 力推循环经济

1. 发展工业循环经济

浙江推动工业深入实施工业循环经济“733”工程，在7大重点领域，建立30个工业循环经济示范园区和300家工业循环经济示范企业，逐步在化工、印染、医药、造纸、冶金、建材等行业全面推进工业循环经济，形成循环产业链。[①] 切实抓好石化、钢铁、电力、化工、建材、有色金属、纺织印染、造纸等重点行业的资源消耗减量化。

2. 加强再生资源回收利用

建立健全再生资源回收利用体系，全面推进废旧金属、废旧塑料、废旧家电及电子产品、废旧汽车、废旧轮胎、废旧纺织品、废旧竹木制品、废纸、废弃油脂等可再生资源的回收利用，力争“城市矿产”成为浙江重要资源。建立健全城乡垃圾分类收集处置系统，积极促进全省垃圾焚烧发电厂的合理布局和健康发展，全面推进污泥、城市餐厨垃圾、农业农村废弃物的资源化利用与无害化处理，防止资源再生利用“二次污染”。

3. 大力推进循环经济产业集聚区建设

加快台州湾循环经济产业集聚区规划建设，鼓励先行先试，努力将其建设成为全省乃至全国循环经济发展示范区。依托各地现有的产业基础及比较优势，着力建设一批循环经济试点基地。全面推进开发区（园区）生态化改造，着力建设一批工业循环经济示范区；以粮食生产功能区、现代农业园区建设及农业主导产业发展为重点，着力建设一批生态循环农业示范区；以生态物流、生态旅游等为重点，着力建设一批服务业循环经济示范区。

4. 着力培育循环经济示范企业

以冶金、电力、医药、造纸、建材、轻纺等行业为重点，培育一批清洁生产示范企业；以用能用电大户企业为重点，培育一批节能示范企业；以电力、纺织、造纸、化工等高耗水行业为重点，培育一批节水示范企业；以海岛地区、沿海地区为重点，培育一批海水淡化示范企业；以冶金、石化、建材、电力、造纸、印染、皮革等行业为重点，培育一批资源回收与

① 谢力群：《建设生态工业　促进产业转型》，《浙江日报》，http：//zjrb. zjol. com. cn/html/2010－10/12/content_ 562262. htm，2010 年 10 月 12 日。

综合利用示范企业；以农业主导产业发展、农产品精深加工、农业废弃物资源化利用为重点，培育一批生态循环农业示范企业。大力推进“绿色企业”“节约型企业”等创建工作，把循环经济发展水平作为企业创优评先的重要依据。

第三节 生态经济发展的成效及案例

一 主要成效

从2005年开始，浙江一直坚持“绿水青山就是金山银山”的理念指导，坚持经济发展模式的“生态化”改造，在经济领域取得了一系列显著的成果。

1. 生态经济总量增加

浙江生产总值增长迅速。2005年为13417万亿元，2008年突破2万亿元，2011年突破3万亿元，2014年突破4万亿元，到2017年突破5万亿元，达到51768亿元，比上年增长7.8%。与之相对应，浙江人均生产总值一直位于全国前列。从具体数值来看，其从2005年的27062元增长到2017年的92057元（按年平均汇率折算为13634美元），增长2.4倍。

城乡居民收入水平不断提高。浙江城镇居民人均可支配收入从2005年的16294元增长到2017年的51261元，增长2.1倍；农村居民人均可支配收入从2005年的6660元增长到2017年的24956元，增长2.7倍。

2. 产业结构不断优化

第三产业比重不断增加。一般来说，由于第三产业的污染小，所以在产值一定的情况下，第三产业比重越大意味着产业结构越生态化。2005年，浙江省第三产业占GDP的比重为40%，到2014年变为47.9%，首次超过第二产业占GDP的比重（47.7%）。到了2017年，三次产业比例变为3.9∶43.4∶52.7，第三产业比重超过了50%，产业结构优化明显。

3. 生态经济发展迅猛

生态循环农业成效显著。治理养殖污染，让水更清——2014 年浙江全省关停搬迁养殖场户 7.46 万家，调减生猪存栏 565.88 万头；减少肥药施用，让地更净——2014 年减少化肥农药用量 3.5 万吨以上，在 21 个县试点农药废弃包装物回收；管控秸秆焚烧，让天更蓝——2014 年全省秸秆综合利用量达 1008 万吨，综合利用率达 85.54%。2017 年农业“两区”（粮食生态功能区和现代农业园区）畜禽排泄物基本实现资源化利用和无害化处理，农药、农膜等农业投入品的废弃物基本回收处理，土壤清洁率达到 90% 以上；海淡水池塘生态化改造率达到 100%、养殖尾水循环使用率达到 80%。农业资源利用率明显提高，氮肥、化学农药施用总量比 2014 年分别减少 4%、6%，秸秆综合利用率达到 90%。农业“两区”、“三生”（生产、生态、生活）融合发展。

安全优质农产品不断涌现。安全优质农产品是指无公害农产品、绿色产品、有机农产品和农产品地理标志产品（简称“三品一标”）。浙江省坚持贯彻落实全国“三品一标”工作座谈会和全省推进农业质量年工作视频会议精神，充分发挥“三品一标”在农业绿色发展中的引领带动作用，“三品一标”成为质量兴农、绿色兴农、品牌强农的“排头兵”。2014 年浙江省新认证无公害农产品 701 个、绿色食品 186 个，再认证中绿华夏有机农产品 9 个，新登记地理标志农产品 5 个，新认证产地面积 107.25 万亩，全省有效期内“三品一标”产品总数为 7081 个。2017 年新型农业生产经营主体标准化生产程度达到 90%、农产品质量安全追溯率达到 90%；农业“两区”产地全面达到无公害标准，其中 20% 左右的农产品通过绿色食品认证或有机农产品认证。

战略新兴产业发展迅速。2017 年规模以上制造业中，高技术、高新技术、装备制造、战略性新兴产业增加值分别比上年增长 16.4%、11.2%、12.8%、12.2%，占规模以上工业的 12.2%、42.3%、39.1%、26.5%。在规模以上工业中，信息经济核心产业、文化产业、节能环保、健康产品制造、高端装备、时尚制造业增加值分别增长 14.1%、5.7%、11.4%、13.3%、8.1% 和 2.4%。在战略性新兴产业中，新一代信息技术和物联网、海洋新兴产业、生物产业增加值分别增长 21.5%、11.2% 和 12.5%。规模以上工业新产品产值率为 35.4%，比上年提高 1.5 个百分点。[①]

工业能效明显提高。浙江一直坚持在工业领域推动节能降耗，取得了显著的成果。2017 年浙江工业单位增加值能耗约比 2014 年下降 21.8%，规模以上工业单位增加值能耗比上年下降 6.7%，38 个大类行业中，单耗降幅在 10% 以上的有 6 个行业，降幅为 5% ~10% 的有 27 个行业。2017 年规模以上工业企业单位工业增加值能耗下降 5.0%。其中，千吨以上和重点监测用能企业单位工业增加值能耗分别下降 5.9% 和 5.8%。

旅游业成为浙江服务业中的支柱产业。旅游业是生态产业，其发展能源有效促进了浙江产业结构的优化，提高了居民收入。2014 年浙江全年接待游客总量 4.9 亿人次，同比增长 10.3%；实现旅游总收入 6300.6 亿元，同比增长 13.8%，旅游业增加值占全省生态总值的 6.4%，占服务业增加值的 13.6%，其在经济发展中的地位非常重要。2017 年，浙江全年旅游产业增加值 3913 亿元，比上年增长 12.6%，占 GDP 的 7.6%；实现旅游总收入 9323 亿元，同比增长 15.1%；接待游客 6.4 亿人次，增长 9.6%，其中接待入境旅游者 1212 万人次，同比增长 8.3%。

4. 乡村经济振兴

乡村集体经济增强。浙江一直重视乡村集体经济的发展，因地制宜采取了多种措施，取得了一定的成效。2016 年全省村级集体经济总收入达到 383.6 亿元，村均收入 132.1 万元，分别比 2011 年增长 47.9% 和 53.1%。集体经济组织资产总量达到 4700 亿元，比 2011 年增长 73.4%。2016 年全省年收入 100 万元以上的村达到 7795 个，比 2011 年增加 2231 个；年收入 10 万元以下的集体经济薄弱村比 2011 年底减少了 4836 个，减少幅度为 41.1%。

乡村生态旅游遍地开花。通过“美丽乡村”建设，浙江乡村将生态旅游与运动休闲、养生养老、文化创意等产业相结合，实现了一、二、三产融合发展。2017 年，浙江在建省级历史文化村落重点村、一般村 705 个。新

① 浙江省统计局：《2017 年浙江省国民经济和社会发展统计公报》，http://www.zj.gov.cn/art/2018/2/27/art_5497_2268995.html，2018 年 2 月 17 日。

创建美丽乡村示范县 6 个，建成美丽乡村风景线 136 条、整乡整镇美丽乡村乡镇 142 个、美丽乡村精品村（特色村）795 个。培育农家乐休闲旅游特色村 1155 个、特色点 2328 个，农家乐经营户 20463 户，从业人员 16. 8 万人，带动就业 45. 4 万人。接待游客 3. 4 亿人次，同比增长 21. 6%；营业总收入 353. 8 亿元，同比增长 20. 5%，其中，直接营业收入 281. 3 亿元、销售农产品等收入 72. 5 亿元，分别增长 20. 6% 和 19. 9%。

二　典型案例

1. 中国生态第一市——丽水

丽水位于浙江西南部山区，90% 以上是山地，森林覆盖率为 80. 79%，有“浙江绿谷”“华东生态屏障”之美誉。多年以来，丽水坚持走绿色发展之路。

产业结构方面，丽水推行“生态 +”供给侧结构性改革，生态农业、生态工业、生态服务业三次产业协调发展水平不断提高。

生态农业方面，新培育农产品旅游地商品生产经营主体 234 家，农产品转化为旅游地商品 292 个，在全省率先实现“民宿保”全覆盖，实现农家乐民宿营业总收入 31. 23 亿元。龙泉市成为全省首批省级生态循环农业示范县，缙云县被授予“中国茭白之乡”称号，遂昌县国家有机食品生产基地，总数位于全市第一、全省前列。

生态工业方面，全市产值超亿元工业企业 364 家，实现工业总产值 993. 9 亿元，占规模以上工业产值的比重为 76. 0%。目前丽水全市已经形成装备制造业、不锈钢、合成革、鞋革羽绒、化工医药、农林产品深加工等六大产值百亿企业，以及与此相对应的 25 个区域块状经济。

生态服务业方面，丽水全力推进农旅融合发展，全市新建农业景观带 9 条、休闲观光农业区（点）44 个，莲都被评为全国休闲农业和乡村旅游示范县。坚持全域旅游发展方向，入选第二批国家旅游业改革创新先行区，9 县（市、区）均列入省全域旅游示范县创建名单。

随着生态产业的发展，丽水市产业结构不断优化，三次产业结构由

2006 年的 12.8∶45.7∶41.5 调整为 2017 年的 7.7∶42.9∶49.4，第三产业比重提高了 7.9 个百分点，并于 2015 年首次实现了由“二三一”向“三二一”产业结构的历史性跨越。

由于生态经济的推行，十多年间，丽水市社会经济发展与生态环境保护协调发展，实现了“双赢”。2017 年丽水市地区生产总值为 1298.20 亿元，年增长 6.8%，是 2006 年（362.29 亿元）的 3.6 倍，人均 GDP 为 59674 元，同比增长 5.6%，是 2006 年（16910 元）的 3.5 倍。在环境保护方面，丽水市生态环境不断改善，从 2006 年至 2017 年，丽水森林覆盖率稳定保持在 80% 以上，空气质量优良率达 93.2%，优良天数 340 天。水环境质量二级以上河流占 88.5%，占比居全省第一. 生态环境状况指数连续 14 年居全省第一，生态环境质量公众满意度连续 10 年居全省第一，生态文明总指数居全省第一，率先实现省级生态县全覆盖。

随着经济的快速发展，人均收入同时稳步提高，城乡居民人均可支配收入增长快于经济增长。城镇居民收入稳步提升，从 2006 年至 2017 年，城镇居民人均可支配收入由 13958 元增长至 38996 元，年均名义增长 10%。农民人均可支配收入增长尤为迅速，由 2006 年的 3869 元增加到 2017 年的 18072 元，年均名义增长 12.6%。从 2009 年开始，农民人均收入增幅连续 9 年居全省首位，连续 11 年超过全省平均速度。

2. 生态立县——开化

开化县位于浙江省西部、浙皖赣三省交界处，是钱塘江的发源地，国家生态县。县域的 85% 为山地，素有“九山半水半分田”之称。全县森林覆盖率为 80.7%，生物丰度、植被覆盖、大气质量、水体质量均居全国前 10 位，是全国 9 个生态良好地区之一。

开化从 2006 年开始就确立了“生态立县”的目标，积极发展绿色经济。在工业方面关停一大批高耗能、高污染、高排放的企业。仅“十一五”期间其关停的污染企业就超过了 400 家。同时，开化生态旅游业和文化产业发展迅速，第三产业稳步上升，到 2012 年其产值超过了第二产业，产业结构得到了优化。2013 年，开化紧紧抓住国家、省级主体功能区建设机遇，提出打造国家公园，以经济生态化、生态经济化为导向，以全域景区化、景区公园化为主线，打造文化旅游融合先行区、绿色产业发展先行区、生态文明建设先行区，以公园的理念规划建设管理统筹城乡，开化绿色经济发展进入了新的阶段。

在农业方面，开化积极发展品质农业，深化农业供给侧结构性改革，2017年创成省级农产品质量安全放心县。龙顶茶行业产值达到15.9亿元，清水鱼养殖实现行业产值2.67亿元，两大品牌入选首届浙江知名农业区域公用品牌50强。新发展油茶、香榧等木本油料良种基地3800亩，新增中药材种植面积2500亩。气糕产业实现产值1.5亿元。中蜂养殖量超2.3万箱，居全市首位。

2017年开化全县年生产总值123.85亿元，按可比价格计算，比上年增长5.0%。三次产业结构由上年的11.5∶37.8∶50.6调整为10.2∶36.1∶53.7。全县人均地区生产总值按户籍人口计算为34340元（按年平均汇率折算为5086美元），比上年增长4.7%。在环境保护方面，开化在全国范围内率先完成自然资源资产负债表编制、生物多样性调查；全省首家制作完成智慧环保网上巡河系统；生态红线划定工作走在全省前列。全市首个完成“最多跑一次”“区域环评+环境标准”改革。成功创建浙江省首批生态文明建设示范县和“美丽浙江特色体验地”。全县生态环境质量公众满意度得分为89.7分，生态环境质量公众满意度连续上升。

2017年开化全县共接待旅游者1037.06万人次，同比增长22.3%；实现旅游收入66.58亿元，同比增长24.3%。其中接待国内旅游者1035.95万人次，同比增长22.3%；创国内旅游收入66.1亿元，同比增长24.5%。接待入境旅游者1.11万人次，同比增长9.6%；创旅游外汇710.01万美元，同比增长11.2%。福岭山红色旅游景区、玉屏公园、御玺明代贡茶园创成国家3A级景区，开展“旅游厕所革命”，完善通景公路、停车场等旅游基础设施建设，扎实推进根宫佛国、古田山、七彩长虹等景区提升工程，齐溪镇、马金镇列入省旅游风情小镇培育名单，逸雅阁成功创建省工业旅游示范基地，下淤村创立省老年养生旅游示范基地。2017年开化县已建成1个国家级5A景区、2个国家级4A景区、9个3A级景区、1个2A级景区，建成浙江省A级景区村庄100个。[①]

① 开化县发改局：《2017年综合实力》，http：//www.kaihua.gov.cn/art/2018/3/14/art_1346218_16026720.html，2018年3月14日。

第四节 生态经济发展新方向

生态经济是符合绿色发展、循环发展、低碳发展要求的经济发展模式。当前经济发展与真正的生态经济模式还有一定的差距。未来经济发展的目标是通过实施生态经济主导化战略，引领经济发展方向，真正实现现有经济发展模式向生态化、绿色化转变，从线性发展向循环发展转变。

一 大力发展生态农业

1. 提高农产品质量和水平

建立完善农产品质量标准体系、检验检测体系、认证体系，建立健全农产品质量安全监测管理体系。大力推动农业标准化，建立健全农业标准化体系。强化源头管理，加强土壤环境状况调查监测，建立土壤环境质量监督管理体系，加强土壤污染防治，促进农产品安全。加强对有机食品生产、认证、市场流通等各个环节的监管，强化企业内部质量控制，确保规范运作、严格管理、保证质量、提高水平。

2. 推进废物循环利用

推进畜禽养殖排泄物资源化利用与无害化处理。推进畜禽养殖业主、种植业主之间的有效链接，完善配套设施，实现就地消纳或异地利用。支持鼓励农业企业、服务组织采取市场化机制牵头开展县域有机肥加工、养殖粪污资源化利用。

推进农作物秸秆综合利用。认真贯彻落实浙江省政府关于加快推进农作物秸秆综合利用的意见，集成推广农作物秸秆综合利用模式，全面推进秸秆机械粉碎还田、秸秆生物质发电，大力推广固化成型燃料、沼气工程、饲料化利用、基料化应用等中小规模秸秆资源化、能源化利用，加快构筑秸秆收集贮运体系。

推进食用菌种植和农产品加工废弃物的资源化利用。大力推进食用菌种植生产中产生的菌棒菌渣多级利用，作为还田肥料、堆肥原料、能源燃料、生态环境修复材料和饲料等。鼓励对农产品加工下脚料进行无害化处理后循环利用，减少加工流通环节的消耗浪费和废物排放。

3. 推动农业产业提升

大力推广生态农业专业合作经营制度，培育生态农业专业合作社。在税收、信贷、财政、人才等政策上给予专业合作社支持，发展扶持生态农产品订单生产，发展机耕、播种、植保、收获和销售的统一服务体系。

培育、发展和壮大各类生态农业龙头企业，鼓励支持精深加工能力强、辐射面广、有产业带动能力的生态农业龙头企业的发展，并带动产业链上下游企业的发展和壮大。

推进现代农业园区建设，围绕农业主导产业发展，加大水利等基础设施建设力度，结合各地自身的资源特色，发展优势农业，建设一批重点特色精品农业园、特色种养基地，不断提高农业科技和管理水平。

二　推进工业绿色发展

1. 推进传统产业的升级改造

建立健全产业规划和产业政策引导体系，完善优势支柱产业扶持机制。积极扶持龙头产业和支柱产业的发展。推进企业从单项业务应用向多业务集成应用转变，从单一企业应用向产业链上下游协同应用转变，实现信息技术在传统制造业的全面渗透、综合集成和深度融合，提高工业生产的集约化水平。

2. 推进工业循环经济发展

加快推动电力、钢铁、有色金属、石油化工、化学、建材、造纸、纺织等行业的循环化改造。推动绿色循环理念融入高端装备等万亿产业，加强生态设计和绿色产品研发应用，推广绿色循环生产工艺。推进工业与互联网的深度融合，重点引导“互联网＋协同制造、智能制造”等新模式。着力构建循环型工业产业链，在产业集群、产业集聚区、开发区（工业园区）内构建具有地方特色的循环型产业链，促进企业内部、企业之间以及园区之间废弃物的循环利用。充分发挥浙江省产业集群优势，促进再生资源回收利用与区域特色产业进一步融合。

3. 实施生产过程清洁化改造示范

加强清洁生产审核中介服务机构管理，培养一批高水平的清洁生产服务人才，创建一批专业化的清洁生产审核咨询服务机构。鼓励企业采用先进适用清洁生产工艺技术实施升级改造，加大重点区域和重点流域清洁生产审核工作力度，加快提升清洁生产水平。建设一批基础制造工艺绿色化示范工程。

4. 加快发展环保产业

制定出台扶持环保产业的政策措施，建立以政府产业基金为引导、以社会资本为主体的节能环保产业投资基金，推动环保产业成为新的经济增长点，产业规模保持全国前列。推进环保产业集聚区建设，重点培育一批辐射带动效果显著、市场竞争力强的龙头骨干企业，构建各具特色的产业链条。规范环保产业市场，健全具有浙江省特点的环保产业标准规范体系、市场准入制度以及工程质量监管制度等。

三 积极发展生态旅游

1. 推动乡村旅游

以浙江全省美丽乡村建设扩面提质为契机，多措并举，精准施策，推动美丽乡村从一处美迈向一片美，从一时美迈向持久美，从外在美迈向内在美，进一步夯实乡村旅游发展基础。

推进乡村旅游差异化、特色化发展，加强规划指导，用差异化的个性特色吸引游客，用多样化的产品业态留住游客。以旅游供给侧结构性改革推动多元化、本土化乡村旅游商品开发建设。

推动乡村旅游品质化发展，提高乡村旅游经营管理水平，实施乡村旅游精品创建行动，努力打造浙江乡村旅游的升级版。

2. 推进旅游业生态化发展

积极倡导资源保护型旅游开发、资源节约型旅游经营和环境友好型旅游消费。规划一批以旅游业为主导的主体功能区。加快推进旅游目的地的绿化、洁化和美化，打造更高品质的生态旅游环境和旅游产品。鼓励镇海重化工业区和遂昌金矿矿山区等加快成为以旅游业推进国民经济绿色发展的典型示范。巩固和提升国家级和省级生态旅游示范区的创建成果，建立健全旅游开发与生态环境保护良性循环的运行机制。建设一批以循环经济为特色的生态旅游景区和企业。加快完善与绿色交通配套的公共服务设施。

3. 实施旅游项目投资万亿工程

充分调动各类投资主体的积极性，充分发挥浙江省旅游产业基金和其他旅游专项投资基金的投资引导和要素聚合的资本平台作用，吸引和带动浙商等各类社会资本参与浙江省重大旅游项目投资开发和旅游业态创新，助推旅游产业结构优化，切实增强旅游产业发展后劲。加强项目动态管理，强化项目滚动实施，力争每年谋划储备一批、招商引进一批、开工建设一批、竣工营业一批。举办专题推介会、招商洽谈会和银企对接会，搭建资本与项目对接的桥梁，引进一批世界知名旅游企业、央企、民企投资浙江旅游。

四　构建低碳能源体系

1. 推进浙江的核电建设

浙江临海，能源需求大，发展核电有良好的基础和条件，同时又能有效缓解浙江电力对煤炭的依赖，减少因发展煤电而带来的种种问题。浙江要安全发展核电，逐步形成以秦山、三门湾、苍南为重点的沿海核电基地。着力推进三门、苍南核电项目前期建设，启动象山核电项目前期工作，开展海岛核电研究，到2020年核电装机达到900万千瓦左右。

2. 采取多项举措促进可再生能源发展

一是安排2亿元可再生能源发展专项资金。二是全力推进浙江全省光伏发电项目建设。三是千方百计促进可再生能源并网接入，积极协调浙江电网公司，多措并举，促进可再生能源并网。四是开展光热利用、海洋潮流能利用、浅层地热能利用等技术研发和项目示范。

五 倡导绿色生活方式

1. 发展分享经济

普及分享经济理念，提高公众参与分享的积极性。支持闲置房屋、闲置车辆、闲置物品的分享使用，推进共享办公、共享储存、共享信息，提高闲置资产的利用效率。培育分享经济企业，创新商业模式，推动服务外包和政府购买服务。鼓励专业分享平台建设，逐步实现分享商品、信息服务的在线交易。完善创新监管和社会信用体系，构建制度保障体系。

2. 鼓励绿色消费

增加绿色产品供给，支持绿色产品认证，完善绿色产品统一标识制度，畅通绿色产品流通渠道，鼓励消费者购买和使用绿色产品。倡导合理消费，力戒奢侈消费，制止奢靡之风。限制过度包装和一次性产品使用，推广节能节水产品、绿色照明产品、再生产品、再制造产品。规范发展二手商品市场，完善相关标准，规范流通秩序。

第　六　章

制度体系与美丽浙江建设

党的十八届三中全会公报指出："紧紧围绕建设美丽中国深化生态文明体制改革，加快建立生态文明制度。""建设生态文明，必须建立系统完整的生态文明制度体系，实行最严格的源头保护制度、损害赔偿制度、责任追究制度，完善环境治理和生态修复制度，用制度保护生态环境。"因此，建设美丽浙江，离不开生态文明制度保障。生态文明制度建设是根本。只有推进生态文明制度建设，完善生态文明制度体系才能实现美丽浙江建设的目标。

第一节　生态考核制度

一　政绩考核制度

考核制度是引导干部工作的指挥棒。不同的考核制度下，干部的施政理念不同，从而影响地方的发展倾向。在传统的以 GDP 论英雄的考核制度下，干部片面注重 GDP 的速度和规模，从而忽视了其他的方面，影响了地方生态文明的发展。因此，建设美丽浙江，必须改革传统的考核制度，构建与美丽浙江建设相适应的新型科学的考核制度。

习近平同志早在 2004 年就指出："要科学制定干部政绩的考核评价指标，形成正确的用人导向和用人制度。各地的实际情况不同，衡量政绩的要求和侧重点也应有所不同。要看 GDP，但不能唯 GDP"。"今后衡量领导干部政绩，首先要坚持群众公认、注重实绩的原则，并以此作为考评干部的重要尺度。其次要完善考评内容，把发展思路是否对头，发展战略是否正确，能否处理好数量与质量、速度与效益的关系，作为考察领导干部是否树立了正确的政绩观的重要内容。在考核中，既看经济指标，又看社会指标、人文指标和环境指标，切实从单纯追求速度变为综合考核增长速度、就业水平、教育投入、环境质量等方面内容。”①

在这一思想的指导下，2004 年，浙江省委、省政府就对完善干部考核评价体系进行了课题调研并在 10 月制定了符合浙江实际、具有浙江特色的干部考核评价指标体系。此后，开始在地方进行试点。

湖州是浙江第一个进行干部考核评价指标体系试点的地方。2003 年底，湖州市政府出台了《关于完善县区年度综合考核工作的意见》，决定从 2004 年开始，干部考核取消 GDP 指标。② 在实践工作中，湖州市尝试建立“分类考核”办法，不同的地区采用不同的考核指标，充分发挥各地特色，宜工则考工，宜农则考农，宜生态则考生态建设。通过这种方法，湖州市不适合发展工业的地方彻底摆脱了考核 GDP 的束缚，走出了生态经济和谐发展的新路。

以安吉县的报福镇为例，其作为山区乡镇，不适宜发展工业经济。在取消了 GDP 考核以后，其发展的重点是生态保护和新农村建设。通过将生态旅游、休闲旅游与农家乐、生态景观农业相结合，报福镇人民的生活水平有了很大的提高，其下辖的多个乡村已经完成省级小康示范村建设。水口乡也同样只考核生态保护。其在转变发展思路以后，充分发挥自身的优势，大力推动生态建设，发展生态旅游。在其被评为全国优美乡村以后，旅游人数大增，第三产业增长迅猛，人民收入明显增加。

据统计，在实行新的干部考核标准以后，湖州市农民收入大幅度提高，创建了 20 个国家环境优美乡镇、38 个省级生态乡镇、148 个市级生态村，其下属县全部获得省级以上生态县称号。

在各地试点经验的基础上，2006 年浙江省委组织部在全国率先出台

---

① 习近平：《之江新语》，浙江人民出版社 2007 年版，第 30、73 页。

② 钱建国：《浙江干部考核淡化 GDP 指标，注重民意民主环保》，http：//news. qq. com/a/20090902/001071. htm，2009 年 9 月 2 日。

《浙江省市、县（市、区）党政领导班子和领导干部综合考核评价实施办法（试行）》；2007 年 9 月，又研究制定了《浙江省党政工作部门领导班子和领导干部综合考核评价实施办法（试行）》[①]。这两个实施办法的出台和施行标志着浙江省的干部考核评价工作上了一个新的台阶，有力支持了各地生态文明建设。此后，浙江省的干部考核评价工作不断发展。2009 年，浙江省委组织部出台了评价考核干部的“一个意见，五个办法”，包括《关于健全促进科学发展的领导班子和领导干部考核评价机制的实施意见》《浙江省市、县（市、区）党政领导班子和领导干部综合考核评价实施办法》《浙江省党政工作部门领导班子和领导干部综合考核评价实施办法》《浙江省高等学校领导班子和领导干部综合考核评价实施办法》《浙江省省属企业领导班子和领导人员综合考核评价实施办法》《浙江省党政领导班子和领导干部年度考核实施办法》。2011 年，为了适应新的形势以及更加科学地管理和考核干部，浙江省委组织部又通过了新修订的“一个意见，五个办法”，进一步完善了干部考核评价指标体系，引导树立科学的发展观和政绩观。

在新的考核制度中，为保护生态，建设美丽浙江，省委组织部把生态环境指标纳入干部考核评价指标体系，实行问责制和一票否决制。对不能达到省委、省政府分配的生态环境指标要求的地方政府，将对其进行通报批评，否决正在考核的相关荣誉和称号；违规项目和超标项目要定期整改，整改不到位要追究相关人责任。另外，在丽水、淳安、开化等重点生态功能区，取消 GDP 考核，重点考核生态保护、生态经济和人民生活水平等相关指标，促进这些地区生态文明的发展。

2017 年为进一步加快绿色发展、推进生态文明建设，浙江出台了《浙江省生态文明建设目标评价考核办法》，提出从 2017 年开始对各设区市、县（市、区）党委和政府生态文明建设实行年度评价，对各设区市党委和政府生态文明建设目标实行五年考核。

生态文明建设目标评价主要评估各地资源利用、环境治理、环境质量、生态保护、增长质量、绿色生活、公众满意程度等方面的变化趋势和动态进

---

① 毛传来：《浙江完善领导干部考评体系，建立评价使用新视角》，《浙江日报》，http：//www.gov.cn/gzdt/2008－06/30/content_ 1030963. htm，2008 年 6 月 30 日。

展，生成各设区市、县（市、区）绿色发展指数。

生态文明建设目标考核内容主要包括国民经济和社会发展规划纲要中确定的资源环境约束性指标，以及党中央、国务院和省委、省政府部署的生态文明建设重大目标任务完成情况，突出公众的获得感。考核结果作为各设区市党政领导班子和领导干部综合考核评价的重要依据。[①]

二 领导干部自然资源资产离任审计制度

自党的十八届三中全会提出“自然资源资产负债表”这一概念后，2015 年 9 月，中共中央、国务院印发《生态文明体制改革总体方案》，明确在内蒙古呼伦贝尔市、浙江湖州市、湖南娄底市、贵州赤水市、陕西延安市开展自然资源资产负债表编制试点和领导干部自然资源资产离任审计试点。

湖州市作为全国 5 个开展自然资源资产负债表编制试点和领导干部自然资源资产离任审计试点地区之一。2015 年，湖州着手编制自然资源资产负债表，编制的年限是 2011 年以来 5 个公历年度自然资源实物存量、变动情况和价值量的资产负债表，县区的编制内容主要包括土地资源、林木资源、水资源的实物量和价值量，其中土地资源资产负债表主要包括耕地、林地、园地等土地利用情况，耕地等级分布及其变化情况。乡镇编制内容主要包括土地资源、林木资源、矿山生态修复、生态环境质量指标的实物量和价值量。通过两年多的试点，扎实有效地推动领导干部切实履行自然资源资产管理和生态环境保护责任，已形成可复制、可推广的经验。

2016 年 3 月 9 日，湖州市委、湖州市人民政府印发了《关于开展自然资源资产负债表编制和领导干部自然资源资产离任审计试点的实施意见》（以下简称《实施意见》），试点实行领导干部自然资源资产离任审计，审计干部任职前后的自然资源及生态环境质量变化状况等。晒出自然资源“家底”，算好地方“自然资源账”，为领导干部自然资源资产离任审计和生态环境保护责任追究提供依据。

---

① 浙江省发改委资环处：《省委省政府印发〈浙江省生态文明建设目标评价考核办法〉》，http://www.zjdpc.gov.cn/art/2017/8/10/art_1724_1732069.html，2017 年 8 月 10 日。

同年，作为省级层面的试点，丽水市、杭州市桐庐县、衢州市开化县也启动了自然资源资产负债表编制工作。2017 年杭州市萧山区和丽水市云和县继续开展自然资源资产审计试点。同时，浙江省审计厅在其他市县党政领导干部经济责任审计中，加大了对自然资源资产管理和生态环境保护情况的审计力度。

在各地试点的基础上，2017 年 5 月，省委办公厅、省政府办公厅印发《浙江省开展领导干部自然资源资产离任审计试点实施方案》，明确开展领导干部自然资源资产离任审计试点的总体要求、主要任务和工作保障措施，借以推动领导干部切实履行好自然资源资产管理和生态环境保护责任。①

第二节　生态资源产权制度

2013 年《中共中央关于全面深化改革若干重大问题的决议》明确指出："健全自然资源产权制度和用途管理制度。"2015 年《中共中央 国务院关于加快推进生态文明建设的意见》进一步明确了健全自然资源产权制度和用途管理制度的任务。同时，《生态文明体制改革总体方案》进一步丰富了健全自然资源产权制度和用途管理制度的内容，建立统一的确权登记系统，建立权责明确的自然资源产权体系，健全国家自然资源资产管理体制，探索建立分级形式所有权的体制，开展水流河、湿地产权试点。

一　产权交易制度

浙江很早就进行了生态资源产权制度的改革，生态资源产权交易制度在全国走在前列，有许多成功的案例，值得借鉴。

1. 水权交易

浙江首例水权交易出现在东阳市和义乌市，这也是我国首例水权交易。

---

① 聂伟霞：《1 月 1 日起领导干部自然资源资产离任审计浙江已先行一步》，https：//zj. zjol. com. cn / news/826298. html，2017 年 12 月 12 日。

2000 年 11 月，双方就水权交易达成协议：义乌市一次性出资 2 亿元，购买东阳横锦水库每年 4999. 9 万立方米水的使用权；转让用水权后，水库原所有权不变，水库运行、工程维护仍由东阳负责，义乌按当年实际供水量每立方米 0. 1 元支付综合管理费（包括水资源费）；从横锦水库到义乌引水管道工程由义乌市规划设计和投资建设，其中东阳境内段引水工程和管道工程施工由东阳市负责，费用由义乌市承担。[①] 2005 年 1 月，工程正式竣工通水，义乌人喝到了来自横锦水库的水。

在此案例的影响下，浙江省内外出现了多起水权交易：2001 年余姚和慈溪正式实施水权转让协议，至 2005 年底，余姚市累计向慈溪市供水 6060 万立方米[②]；2003 年绍兴市与慈溪市签订供用水合同，规定从 2005 年开始的 36 年内，绍兴市汤浦水库向慈溪市日供水 20 万立方米。[③]

2. 排污权交易

浙江并非最早实施排污权交易的省份，却是全国最早实施排污权有偿使用的省份。2002 年，为解决辖区内的水污染问题，嘉兴市秀洲区出台了《秀洲区水污染排放总量控制和排污权有偿使用管理试行办法》，开始进行排污权有偿使用和交易制度的探索。2007 年，在秀洲区经验的基础上，嘉兴市颁布实施了《嘉兴市主要污染物排污权交易办法（试行）》，成立了排污权储备交易中心，开始在全市全面实行排污权交易制度。

在嘉兴成功经验的引导下，浙江其他地市也开始进行排污权有偿使用和交易工作的试点，并根据各地的实际情况，发挥了各自的特色：绍兴市优化制度设计，探索解决排污权指标的初始分配、排污权的使用、回购问题，推出排污权抵押贷款制度；湖州市根据自己的情况，增加了氨氮和总磷两项排污指标；杭州实行排污配额交易，依托产权交易机构推动交易的各项规则、流程以及资金核实、信息披露；金华对排污企业实行“一企一档案”制度；

---

① 沈满洪：《水权交易制度研究——中国的案例分析》，浙江大学出版社 2006 年版，第 57 页。

② 汪湖江、吴劭辉、俞建荣、邵孝侯：《水权交易的经济学分析——对浙江省余姚 · 慈溪水权交易的思考》，《江苏农村经济》2006 年第 7 期。

③ 《浙江又一水权交易成交——绍兴将日 20 万吨引水权卖给了慈溪》，http：//www. hydroinfo. gov. cn/tpxw/201003/t20100329_ 190997. html，2003 年 1 月 13 日。

台州建立排污权储备和交易平台，探索政府收储和转让排污权；温州市将试点与污染整治、企业环境信用评级、区域限批等工作挂钩；桐乡市实行刷卡排污制度。

在各地成功试点的基础上，2009 年，财政部和环保部批准浙江省正式开展排污权有偿使用和交易试点，出台了《浙江省主要污染物排污权有偿使用和交易试点工作方案》和《关于开展排污权有偿使用和交易试点工作的指导意见》，开始在全省启动排污权制度试点工作。2010 年，浙江省政府又继续出台了《浙江省排污许可证管理暂行办法》和《浙江省排污权有偿使用和交易试点工作暂行办法》，确定在全省全面试行排污权有偿使用和交易制度。2012 年，浙江开始全面强制推行排污权制度。在多年成功实践的基础上，2017 年浙江按照《国务院办公厅关于进一步推进排污权有偿使用和交易试点工作的指导意见》和《浙江省大气污染防治条例》等要求，起草了《浙江省排污权回购管理暂行办法（征求意见稿）》以规范排污权回购，进一步完善排污权交易体系。相关数据显示，截至 2018 年 9 月底，浙江省累计开展排污权有偿使用交易 2.7 万笔，交易金额 66 亿元；开展排污权交易 1.4 万笔，交易金额 25 亿元（企业间交易 674 笔，交易金额 4.08 亿元）；租赁 967 笔，租赁金额 3433 万元；同时共有 556 家企业累计通过排污权抵押获得银行贷款 263 亿元。

3. 用能权（碳排放权）交易

中国作为一个负责任的大国，很早就承诺为碳排放量的减少做出自己的贡献。2015 年，习近平总书记在气候变化巴黎大会上的讲话中提出："中国在'国家自主贡献'中提出将于 2030 年左右使二氧化碳排放达到峰值并争取尽早实现，2030 年单位国内生产总值二氧化碳排放比 2005 年下降 60%—65%。"①

作为中国改革开放的先行地，浙江减排责无旁贷。2007 年浙江专门成立了应对气候变化领导小组，领导小组下设办公室，承担应对气候变化的日

① 习近平：《携手构建合作共赢、公平合理的气候变化治理机制——在气候变化巴黎大会开幕式上的讲话》，http://politics.people.com.cn/n/2015/1201/c1024-27873625.html，2015 年 12 月 1 日。

常工作。2010 年，为全面贯彻落实《中国应对气候变化国家方案》，浙江发布了《浙江省应对气候变化方案》，明确了浙江到 2012 年应对气候变化的目标、原则、重点领域及政策措施。2013 年杭州市出台了《杭州市能源消费过程碳排放权交易管理暂行办法》。2014 年浙江在发电、钢铁、化工等 10 个行业中选取 96 家重点企业开展碳报告工作，2015 年扩大到发电、钢铁、化工、水泥、平板玻璃等 14 个行业 590 家重点企业。2016 年，浙江碳排放数据核查将实现全面覆盖，开展所有符合国家要求的 1900 家左右重点企业的碳报告工作。[①] 同年浙江出台了《浙江省碳排放权交易市场建设实施方案》并提出建设目标：到 2017 年浙江完成碳排放权交易的基础准备工作，启动碳交易，到 2020 年建立比较成熟的碳交易市场体系。2017 年浙江发布了《浙江省“十三五”控制温室气体排放实施方案》，其指出要积极参与全国碳排放权交易市场建设。

用能权交易是和碳排放权交易密切相关的。2015 年 5 月，浙江发布了《关于推进我省用能权有偿使用和交易试点工作的指导意见》，2016 年国家发改委批准在浙江开展用能权有偿使用和交易制度试点并下发《用能权有偿使用和交易制度试点方案》。随后海宁市、嘉兴市、临海市、衢州市、桐乡市均制定了用能权交易地方性规定。在多地实践的基础上，2018 年浙江正式出台了《浙江省用能权有偿使用和交易试点工作实施方案》。该方案要求到 2020 年底建立较为完善的用能权交易制度体系、监管体系、技术体系、配套政策和交易系统，推动能源要素更高效配置。形成若干可操作、有效的制度成果，为国家用能权有偿使用和交易提供借鉴，创造可复制、可推广的经验。

二 产权抵押制度

浙江多山少地，林权是农民手中比较重要的资产。浙江较早地进行了林权改革，进行了集体林权确权。如临安市在 2001 年出台了《关于切实做好延长山林承包期、核发林权证工作的通知》，2002 年底基本完成了合同签订

---

① 刘乐平：《浙江碳排放交易市场怎么建 省发改委这么说》，https：//zj. zjol. com. cn/news. html? id =425009，2016 年 8 月 16 日。

和林权证的发放工作。2006年浙江省下发了《中共浙江省委办公厅、浙江省人民政府办公厅关于切实做好延长山林承包期工作的通知》，2007年浙江又出台了《关于进一步深化集体林权制度改革的若干意见》。2008年国务院颁布《关于全面推进集体林权制度改革的意见》，要求进一步明晰产权、放活经营权、落实处置权、保障收益权。浙江各地纷纷出台文件，进一步推动集体林权的改革。2011年10月，时任浙江省委书记赵洪祝同志在浙江省林业厅调研时指出，进一步深化集体林权改革，加快建立健全以家庭承包经营为基础的现代林业产权关系，加快推进配套改革，促进林业持续发展。2016年出台了《国务院办公厅关于完善集体林权制度的意见》，进一步推进了林权制度改革。浙江积极推动林权证的换（发）工作，稳定山权林权。

1. 林权抵押贷款

为盘活林业资产，增加林业投入和人民收入，丽水市在2006年率先尝试进行林权抵押贷款，并探索了“林权IC卡”等新型贷款模式。为保证林权抵押贷款的顺利进行，丽水市出台了《关于推进森林资源流转工作的意见》《关于推进森林资源资产抵押贷款业务发展的意见》《关于全面推广“林权IC卡”进一步深化金融支持集体林权制度改革的若干意见》《丽水市森林资源资产抵押贷款管理办法》《丽水市森林资源资产评估实施意见（试行)》《关于做好林权抵押不良贷款资产处置变现工作的意见》《为推进农村“三权”抵押工作提供司法保障的试行意见》等政策文件，建立市、县两级“三中心一机构”（林权管理中心、森林资源收储中心、林权交易中心、森林资源调查评价机构）的森林资源流转服务平台，健全财政贴息、风险补偿、政策保险等激励措施，建立了林权抵押贷款的“丽水模式”。

截至2017年末，丽水市已经累计发放林权抵押贷款205亿元，贷款余额60.8亿元，居全省首位，惠及林农20余万人。同时由于搭建了一系列制度保障、流转交易和收储平台等，大大提高了林权抵押贷款资产质量，林权抵押贷款的不良率仅为0.09%，大大低于其他类型贷款风险。

2. 生态公益林补偿收益权质押贷款

在多年开展林权抵押贷款实践的基础上，丽水市在全国率先开展公益林补偿收益权质押贷款试点。为此，丽水市出台了《丽水市公益林补偿收益权证明管理办法》《丽水市公益林补偿收益权质押贷款管理暂行办法》《推进公益林补偿收益权质押融资工作指导意见》等文件。

为有效满足不同贷款主体的资金需求，丽水市探索出三种生态公益林收益权质押融资模式。一是公益林补偿收益权直接质押贷款模式，指借款人将自有或他人所有的未来一定期限内的公益林补偿收益权直接质押给金融机构，金融机构根据未来公益林补偿收益总额的一定比例发放的贷款；二是公益林补偿收益权担保基金贷款模式，指村集体或农户以公益林未来一定期限内的补偿总收益为质押，成立担保基金，为农户向金融机构贷款提供担保，担保倍数一般不超过收益担保基金规模的 10 倍；三是公益林未来收益权信托凭证质押贷款模式，指农户或村集体将公益林未来补偿收益集中托付给信托公司管理，信托公司向农户发放信托权益凭证，农户向当地信用社办理信托权益凭证质押贷款。

生态公益林补偿收益权质押贷款有效盘活了农村“沉睡”的绿色资产。按照每亩补贴 35 元计算，丽水市每年有约 4.5 亿元公益林补偿收益，且每年稳定增长，以未来五年的生态公益林补偿收益为基数，金融机构放大 5 ~ 10 倍融资杠杆，最大可为丽水市广大农民提供 110 亿 ~ 220 亿元的融资规模。同时，生态公益林补偿收益权质押贷款有效地拓宽了农村融资渠道。截至 2011 年底，丽水全市开办生态公益林补偿收益权质押贷款业务的县（市、区）达到 6 个，累计发放贷款 182 笔、2308 万元，余额 107 笔、1559 万元，不良率一直保持为零。

第三节 生态文明监管制度

一 生态文明法律制度

生态文明法律制度是生态文明制度的重要内容，也是保护生态环境最重要的手段。在当前我国环境污染严重、生态严重破坏的情况下，必须依靠环境法治来规范人们的行为，从而有效地保护生态环境。

浙江一直坚持通过法治来保护环境，建设生态文明。习近平同志在主政浙江时就要求："要加快地方环境立法步伐，健全地方环境法规和标准体系，加大对违法行为的处罚力度，重点解决'违法成本低、守法成本高'的问题。充分利用司法手段，支持和加强环保工作。"[①]

法治建设首重立法。我国的环境立法不健全，存在诸多具体环境问题。2003 年以来，为保护生态环境，浙江制定和修订了《浙江省大气污染防治条例》《浙江省核电厂辐射环境保护条例》《浙江省森林管理条例》《浙江省陆生野生动物保护条例》《浙江省海洋环境保护条例》《浙江省自然保护区管理办法》《浙江省建筑节能管理办法》《浙江省水污染防治条例》《浙江省饮用水水源保护条例》《浙江省建设项目环境保护管理办法》《浙江省辐射环境管理办法》《浙江省突发环境事件调查处理办法（试行）》《绍兴市生态环境损害赔偿金管理暂行办法》《浙江省环境保护厅主要环境违法行为行政处罚裁量基准》《浙江省环境违法"黑名单"管理办法（试行）》《关于全面推行清洁生产的实施意见》《浙江省环境保护厅排污费征收管理暂行办法》《浙江省环境保护厅行政处罚结果信息网上公开暂行办法》等 40 多部地方性法规和规章，初步完善了地方法律法规体系。[②]

严格执法是关键。完善的法律规章制度，只有严格执行，才能发挥效力，才能有效保护生态环境。这就要求依法行政、严格执法，做到责权利相统一，严格落实环境执法责任。浙江省对环境违法始终保持高压严打态势，努力打造生态执法"最严省份"，对环境污染实行"零容忍"。2013 年到 2016 年，浙江立案查处环境违法案件 39506 件，年均增长 31.2%；行政罚款 15.35 亿元，年均增长 12.5%。各级环保部门共向公安机关移送案件 3903 件，行政拘留 2114 人、刑事拘留 3553 人，查出了新安化工、金帆达非法倾倒废液等一批大案、要案。2017 年，浙江在全国率先制定环境违法大案、要案认定标准，再次为环境监管加重砝码。为保证执法的顺利进行，浙江创造性地施行了生态文明执法全员出动的制度，有效地改变了专员执法单打独斗的局面，实现了环境执法部门联动。为推动对环境违法的

---

① 习近平：《干在实处 走在前列——推进浙江新发展的思考与实践》，中共中央党校出版社 2006 年版，第 202 页。

② 苏小明：《生态文明制度建设的浙江实践与创新》，《观察与思考》2014 年第 4 期。

严格执法，浙江省陆续发布了《关于建立打击环境违法犯罪协作机制的意见》《关于办理环境污染刑事案件若干问题的会议纪要》《浙江省涉嫌环境污染犯罪案件移送和线索通报工作规程》《关于贯彻实施环境民事公益诉讼制度的通知》。

创新司法制度是重要保障。浙江出台了《浙江省人民检察院关于充分履行检察职能服务美丽浙江建设的意见》和《关于积极运用民事行政检察职能加强环境保护的意见》，要求开展环境公益诉讼，高质量司法；完善制度建设，保障环境非诉讼案件执行。宁波市宁海县人民法院不断创造性地适用新的司法制度，先后出台了"五水共治"和"城乡环境整治"的司法保障制度及实施意见，有效地打击了污染环境的犯罪行为，保护了生态。为严厉打击生态环境领域的违法犯罪，浙江推动形成了"环保专项立案制度"，建立起针对环境污染、非法采矿、滥砍滥伐等生态违法行为的环保专项立案制度。仅 2016 年，浙江各级检察机关就监督立案破坏生态环境犯罪嫌疑人 236 人，批捕 407 人，起诉 2230 人，浙江省办理此类案例的数量在全国居于首位。[①]

二　生态补偿制度

党的十六大报告就提出"按照谁开发谁保护、谁受益谁补偿的原则，加快建立生态补偿机制"。党的十八大也提出要建立健全生态补偿机制。

浙江有饮用水源涵养地区、自然保护区、森林和生物多样性保护区等各种生态功能区。这些生态功能区大部分处在浙江西南欠发达地区。为顾全大局，保护环境，这些地区经济发展受到了影响，因此需要对这些欠发达地区进行生态补偿。浙江各地很早就开始了生态补偿方面的实践。台州市政府办公室 2003 年下发了《关于印发长潭水库饮用水源水质保护专项资金管理办法的通知》，设立每年 600 万元的专项资金，用于保护长谭水库饮用水源。绍兴市政府办公室 2004 年下发了《关于印发绍兴市汤浦水库水源环境保护

① 沈满洪、谢慧明等：《生态文明建设：浙江的探索与实践》，中国社会科学出版社，第 305 ~ 306 页。

专项资金管理暂行办法的通知》，设立汤浦水库水源环境保护专项资金，资金由水务集团提供，每年按汤浦水库供水量每吨 0.015 元计算。[①] 杭州市在 2005 年 6 月颁发了《关于建立健全生态补偿机制的若干意见》，采用政府令形式对生态补偿机制作出具体规定，设计了一套科学的生态补偿标准评价体系。[②]

2005 年，德清在全省率先开始运作生态补偿制度，出台了《关于建立西部乡镇生态补偿机制的实施意见》，开始对县域 104 国道以西区域三个乡镇实行生态补偿。2010 年，出台了《深化完善生态补偿机制的实施意见》，开始扩大补偿范围，补偿面积占县域总面积的 1/3。为明确资金使用，德清县财政设立了生态补偿金专户，专门出台了《西部乡镇生态补偿资金缴纳和使用管理办法》。

在各地实际的基础上，经过专家的调查研究，2005 年浙江省政府先后下发了《关于建立健全生态补偿机制的若干意见》和《关于进一步完善生态补偿机制的若干意见》，成为全国首个建立生态保护补偿机制的省份。此后，宁波、温州、湖州、台州、衢州等地纷纷出台自己的《建立健全生态补偿机制的实施意见》，生态补偿制度在浙江全省铺开。

全面实施对市县生态环保财力转移支付。2006 年，为保护钱塘江源头地区，浙江省政府制定了《钱塘江源头地区生态环境保护省级财政专项补助暂行办法》，省财政拿出 2 亿元资金，对钱塘江源头地区 10 个县（市、区）开展生态环保专项补助试点。2008 年，经过多年的转移支付探索之后，省政府制定出台了《浙江省生态环保财力转移支付试行办法》[③]，开始实行全流域的生态补偿，对八大流域源头所在的 45 个市、县（市）进行生态环保财力转移支付。[④] 自 2012 年起全面实施对所有市、县（区）的生态环保财力转移支付。为保障公平，浙江生态环保财力转移支付资金以“林、水、

① 浙江省环保局生态处：《浙江：生态补偿机制的先行者》，《环境经济》2006 年第 7 期。

② 沈满洪：《生态文明制度建设的“浙江样本”》，《浙江日报》2013 年 7 月 19 日。

③ 邓爱林、赵静静：《对我国生态补偿机制的建议——以浙江省的经验为例》，《经营与管理》2014 年第 1 期。

④ 吴妙丽、赵晓：《浙江实施全流域生态补偿》，http://www.cenews.com.cn/xwzx/zhxw/qt/200803/t20080321_223222.html，2008 年 3 月 21 日。

气”等反映区域生态功能和环境质量的基本要素为分配依据，充分体现对重点生态功能区、重要水源保护区和欠发达地区的倾斜。资金数量依据从2006 年的 2 亿元增加到 2016 年的 20. 8 亿元，累计已经安排 142. 8 亿元。2017 年，浙江省政府出台了《关于建立健全绿色发展财政奖补机制的若干意见》，规定自 2017 年起，生态环保财力转移支付资金挂钩“绿色指数”（包含林、水、气等反映区域生态环境质量的因素）进行分配。2017 年浙江省财政共兑现生态环保财力转移支付资金 12. 4 亿元。

通过多种方式进行生态补偿。不同的地区应该采用不同的补偿方式。在多年的实践中，浙江探索出了多种不同的生态补偿方法。对流域上游的生态功能区，采用异地开发的方式，通过提供体制、政策优惠，建设扶贫经济开发区进行补偿。例如，金华市建立了金磐扶贫经济技术开发区，作为源头地区磐安县的开发用地，并出台了一系列的扶持政策。在西南山地林地生态保护区和海岛地区，主要采用“下山脱贫”和“大岛建小岛迁”的方式，给予生态移民一定的经济补偿和相关的优惠政策，通过深入开展“千万农村劳动力素质培训工程”，加强就业培训，促使其脱贫致富。在一些流域和河流的上下游地区实现区域生态补偿，下游通过给予上游一定的经济补偿保证用水质量。例如，金华市金东区下游的傅村镇给予上游的源东乡每年 5 万元人民币，用于保护上游的水质。①

深化皖浙两省跨界流域水环境补偿试点。浙江与安徽开展的新安江流域水环境补偿是全国首个跨省生态补偿试点。第一轮中央财政每年拿出 3 亿元，安徽、浙江各拿 1 亿元，两省以水质“约法”，共同设立环境补偿基金。在首轮试点取得明显成效后，2015 年至 2017 年新安江上下游的横向生态补偿实施了第二轮试点，试点资金由 3 年 15 亿元，增加到 21 亿元，其中中央财政 3 年 9 亿元不变，两个省每年的资金分别由每年 1 亿元增加到 2 亿元，新增的 1 亿元补偿资金主要用于安徽省内两省交界区域的污水和垃圾治理，特别是农村污水和垃圾治理。2017 年皖浙两省就深化新安江生态补偿机制达成共识。在前两轮试点工作开展绩效评价的基础上，经过多伦协商，

① 苗昆、姜妮：《和谐推动政策创新 引领实践协调完善机制——浙江生态补偿实践的调查》，《环境经济》2008 年第 8 期。

制定了第三轮试点方案，期限为2018～2020年。

推进省内流域上下游横向生态补偿。根据浙江省政府《关于建立健全绿色发展财政奖补机制的若干意见》，2017年12月，浙江省财政厅、环保厅、发改委和水利厅4部门出台了《关于建立省内流域上下游横向生态保护补偿机制的实施意见》，提出从2018年起，在浙江省内流域上下游县（市、区）探索实施自主协商横向生态补偿机制，到2020年基本建成。2018年，开化县与常山县正式签订了《钱塘江（上游）流域横向生态保护补偿协议》，这是全国首个县级层面横向生态补偿协议。根据该协议，两地以过去三年交接断面水质监测数据的平均值为基准，如果2018年测出的数据好于这个数字，则下游常山要付给开化800万元，如果2018年测出的数据出现下降，那上游开化要付给常山800万元。此外，钱塘江干流、浦阳江流域上下游地区，金华市全域以及湖州市、丽水市部分县（市、区）已建立了横向生态补偿机制。

第四节　谱写美丽浙江新篇章

坚持创新、坚持全心全意为人民服务，浙江的生态文明建设取得了丰硕的成果。2017年浙江省委、省政府出台了《浙江省生态文明体制改革总体方案》，提出到2020年构建起产权清晰、多元参与、激励约束并重、系统完善的生态文明制度体系。党的十九大的召开为接下来30年如何建设生态文明、进一步推进改革生态文明体制指明了方向。浙江作为生态文明建设的先行省份，理应谱写美丽浙江的新篇章。

一　推进政府机制创新

1. 牢固树立社会主义生态文明观

党的十九大报告阐述了生态文明观，主要包括："必须树立和践行绿水青山就是金山银山的理念，坚持节约资源和保护环境的基本国策，像对待生命一样对待生态环境，像对待生命一样对待生态环境，统筹山水林田湖草系统治理”；“人与自然是生命共同体，人类必须尊重自然、顺应自然、保护自然”；“形成绿色发展方式和生活方式，坚定走生产发展、生活富裕、生态良好的文明发展道路”。

2. 进一步完善生态考核机制

按照主体功能区的定位，对不同的地区采取差异化的考核方法。优化开发区实行优化经济结构和转变发展方式优先的绩效评价，以提高经济增长质量和效益为核心，强化对经济结构、资源消耗、环境保护、公共服务、社会保障等的评价；重点开发区实行工业化和城镇化水平优先的绩效评估；限制开发区实行发展生态经济和生态优先的绩效评价，强化对提高生态产品能力的评价；禁止开发区实行生态保护优先的绩效评价，强化对提供生态产品能力的评价，强化对自然资源原真性和完整性保护情况的评价。

3. 全面实施领导干部问责机制和自然资源资产离任审计制度

2017 年，浙江出台了《浙江省开展领导干部自然资源资产离任审计试点实施方案》，明确开展领导干部自然资源资产离任审计试点的总体要求、主要任务和工作保障措施，借以推动领导干部切实履行好自然资源资产管理和生态环境保护责任。浙江应在试点实践的基础上，总结经验，尽快在全省范围内实施领导干部自然资源资产离任审计制度，将自然资源资产审计工作与经济责任的审计工作放到同样甚至更为重要的位置，并将其作为领导干部离任审计的重要内容。

4. 推进国家公园体制试点

根据国务院办公厅印发的《建立国家公园体制总体方案》，在总结钱江源国家公园体制试点的工作经验的基础上，参考其他省份国家公园试点工作出现的问题和困难以及绩效，探索创新，建立符合浙江实际的国家公园体制实施方案。树立正确国家公园理念。坚持生态保护第一。进一步完善国家公园体制试点的配套政策，推进部门统筹协调和体制机制创新，敦促试点工作向前推进，到 2020 年，基本完成建立国家公园体制试点工作，通过国家审核，使其成为我国建立的第一批国家公园。

二　推动产权制度改革

1. 完善自然资源产权制度

加大对环境资源的监测力度，对全省范围内的水流、森林、山岭、草原、荒地、滩涂等自然生态空间统一进行确权登记，探索并建立环境资源资产负债表。在已有的林权、排污权和水权改造的基础上，紧扣国家自然资源资产管理体制改革进展，根据浙江省各地实际情况，在各地试点探索之后，研究制定自然资源资产管理机构改革实施方案，进一步探索确立国有自然资源资产管理制度，统一行使全民所有自然资源资产所有者的职责，统一行使所有国土空间用途管制和生态保护修复职责。在此基础上，探索建立健全全省各级政府分级代理行使所有权职责、享有所有者权益的自然资源管理体制。

2. 推进资源产权交易

加快自然资源及其产品价格改革，建立自然资源开发使用成本评估机制，将资源所有者权益和生态环境损害等纳入自然资源及其产品成本评估机制。在现有排污权、水权、用能权及碳排放权交易制度的基础上，总结经验，建立健全以单位生产总值能耗为基础的用能权交易制度，健全排污权交易市场体系，试点开展 VOCs 排污权交易，探索建立较为完善的资源产权交易制度，组织专家学者编制《浙江省资源产权交易机制（试行）》，在全省范围内推动资源产权交易，对接全国资源产权交易市场。积极引导社会资本进入资源产权交易中，推动市场发挥资源配置的重要作用，盘活自然资源资产，使其保值增值，满足浙江人民日益增长的对生态资源的需求。

三　严格环境监管制度

1. 健全生态补偿制度

在现有生态补偿机制的基础上，探索完善以水环境质量为基础的生态补偿制度，加大对江河源头地区和重要水源涵养区的补偿力度。建立健全森林、湿地、海洋、耕地等领域生态保护补偿机制，加大重点生态功能区转移支付力度。在现有成功案例的基础上，鼓励受益地区与保护生态地区、流域下游与上游通过资金补偿、对口协作、产业转移、人才培训、共建园区等方式建立横向补偿关系。加强生态保护补偿效益评估，推进实施《关于建立健全绿色发展财政奖补机制的若干意见》，进一步完善生态保护成效与资金分配挂钩的激励约束机制，加强对生态保护补偿资金使用的监督管理。积极拓展融资渠道，建立多渠道的融资机制，引导社会和海外资金进入生态补偿领域，建立市场化、多元化的生态补偿机制。

2. 严格生态监督

强生态环保地方立法工作，加快推进生态补偿、环境监测、生态公益林管理、节约用水、固体废物污染防治及环境保护综合性条例等有关生态文明建设的地方性法规和规章的制（修）订工作。实施最严格的环境管理制度，构建政府、企业、公众共治的环境治理体系。全面强化环境执法监管，加强环境保护基层执法力量，完善乡镇环境执法监管网络。积极创新执法监管方式，健全部门联动执法、边界联动监管、网格化执法、环境行政执法与司法联动协作等机制。严格落实和深化拓展河长制，实施湖长制，推进湾（滩）长制国家试点。进一步突出和强化长效管理机制，治气、治土也应借鉴治水经验和治理模式，加强长效管理机制建设。加快环保机构监测监察执法体制改革，完善环保督察体系，全面完成中央环保督察发现问题的整改落实，全面推进省级环保督察工作。加大环保督查力度，切实落实"党政同责、一岗双责"制度，加强环保督查生态责任追究制度，依法加强对各级政府及有关部门环境保护各项制度落实情况的综合性监督检查，真正建立以环境质量为导向的政绩考核和责任追究机制，形成国有自然资源资产所有人和国家自然资源管理者相互独立、相互配合、相互监督的管理体制。

3. 开展生态环境损害赔偿

在2018年出台的《浙江省生态环境损害赔偿制度改革实施方案》（以

下简称《方案》）的基础上，积极促进《方案》内容的落实。按照《方案》的时间节点安排，在全省试行生态环境损害赔偿制度的基础上，在全省范围内开展生态环境损害赔偿探索与实践，建立健全生态环境损害鉴定评估、磋商、诉讼、修复、资金管理制度。到2020年，初步构建起责任明确、途径畅通、技术规范、保障有力、赔偿到位、修复有效的生态环境损害赔偿制度。

第七章

美丽浙江的评价指标体系

科学合理的评价指标体系是推进工作沿着既定的目标和方向顺利有序推进的有效机制。如何评价美丽浙江建设水平，即美丽浙江建设应由哪些指标来表征，以及如何通过这些指标来评估目前的美丽浙江建设水平。美丽浙江评价指标体系的制定不仅是量化美丽浙江建设的基础性工作，也是美丽浙江建设理论研究的基本内容，是评判美丽浙江建设质量的主要依据。它可以使各级政府明确美丽浙江建设进程中需要优先考虑的问题，同时帮助决策者和公众了解和认识美丽浙江建设进程的有效信息。只有建立一套科学、严密、完整的美丽浙江评价指标体系，才能利用一定的方法手段对美丽浙江建设状况进行监测和预测，从而为美丽浙江的建设规划提供决策服务。因此，建立美丽浙江评价指标体系，是对美丽浙江研究从定性向定量迈进过程中必不可少的环节。

第一节　美丽浙江评价指标的内涵与现状

“美丽”是一个自然生态系统和社会生态系统达到最优化和良性运行，人与自然和谐发展，经济发展与环境保护、物质文明与精神文明高度统一和可持续发展的多功能、多层次、多目标的评价标准。“美丽”有丰富的内涵，生态文明是最为重要的组成部分，但又不仅限于生态文明。把生态文明建设放在突出地位，并融入经济建设、政治建设、文化建设、社会建设的各方面与整个过程，这种五位一体的做法是建成“美丽中国”的关键。“美丽”是一个集合和动态的概念，是绿色经济、和谐社会、幸福生活、健康生态的总称，如果把对“美丽”的理解仅限于自然环境，就狭隘化了。“美丽”要有自然之美、人文之美、制度之美、社会之美。[①] 因此，构建美丽浙江的指标体系必须充分体现其内涵，既要突出重点，又要涵盖全面。

党的十八大提出：“把生态文明建设放在突出地位，融入经济建设、政治建设、文化建设、社会建设各方面和全过程，努力建设美丽中国，实现中华民族永续发展。”这是美丽中国首次作为执政理念提出。自“美丽中国”执政理念提出以后，美丽中国建设迅速成为各界关注的热点。在实践层面，各地区纷纷将这一理念贯穿于区域建设的各个方面及全过程，积极开展美丽中国建设。在美丽中国建设过程中，科学地构建美丽中国评价指标体系，定量评估美丽中国建设水平，能够准确判断出美丽中国建设的状态，从而有效指导美丽中国建设。

国内许多学者对美丽中国评价指标体系构建进行过较为深入的研究。甘露等从生态维度、经济维度、政治维度、文化维度和社会维度五个维度构建了省会和副省会城市美丽中国评价指标体系。[②] 谢炳庚、陈永林等基于生态位理论从经济发展生态位、社会文化生态位和环境保护生态位构建了“美丽中国”生态位的测度指标体系。[③] 向云波等基于艾肯斯和马科斯尼弗可持续发展四面体分析框架，从资源生态、经济发展、社会伦理和文化政治四个维度构建了美丽中国指标体系。[④] 胡宗义等从美丽经济、美丽社会、美丽环境、美丽文化、美丽制度和美丽教育六个层面，选取 26 个有代表性的指标构建了美丽中国评价指标体系。[⑤] 傅丽华等从景观敏感性及景观功能尺度角度，分析了美丽中国评价指标权重。[⑥] 上述研究成果从不同的视角、运用不

① 胡宗义、赵丽可、刘亦文：《“美丽中国”评价指标体系的构建与实证》，《统计与决策》2014 年第 9 期。

② 甘露、蔡尚伟、程励：《“美丽中国”视野下的中国城市建设水平评价——基于省会和副省级城市的比较研究》，《思想战线》2013 年第 4 期。

③ 谢炳庚、陈永林、李晓青：《基于生态位理论的“美丽中国”评价体系》，《经济地理》2015 年第 12 期。

④ 向云波、谢炳庚：《“美丽中国”区域建设评价指标体系设计》，《统计与决策》2015 年第 5 期。

⑤ 胡宗义、赵丽可、刘亦文：《“美丽中国”评价指标体系的构建与实证》，《统计与决策》2014 年第 9 期。

⑥ 傅丽华、李晓青、凌纯：《基于景观敏感性视角的“美丽中国”评价指标权重分析》，《湖南师范大学自然科学学报》2014 年第 1 期。

同的理论与方法构建的区域美丽中国评价指标体系，对定量评价美丽中国建设水平具有重要意义，但这些指标较少考虑与国际相关领域已有指标体系衔接，因此很难开展国际比较与推广。基于国内外已有的研究成果，谢炳庚、向云波从生态、经济、社会、政治和文化五个维度出发，选取环境绩效指数（反映区域生态文明建设水平）、人类发展指数（反映区域经济社会建设水平）和政治文化指数（反映区域政治文化建设水平），构建美丽中国建设水平评价指标体系。[①]

在政府实践层面，目前从全国到浙江尚无开展美丽浙江的指标评价工作。从现有的工作基础来看，生态文明建设评价指标和考核工作已在全国自上而下地开展起来。由于“美丽中国”是生态文明建设的更高阶段，又是“美丽中国”最重要的组成部分，生态文明建设评价指标在很大程度上可以说是“美丽中国”或“美丽浙江”评价指标的重要基础。

2015 年，中共中央、国务院先后印发了《关于加快推进生态文明建设的意见》（以下简称《意见》）和《生态文明体制改革总体方案》（以下简称《方案》），确立了我国生态文明建设的总体目标和生态文明体制改革总体实施方案。《意见》和《方案》明确提出，要健全政绩考核制度，建立体现生态文明建设要求的目标体系、考核办法、奖惩机制，把资源消耗、环境损害、生态效益等指标纳入经济社会发展评价体系。2016 年，经中央深化改革领导小组第二十七次会议审议通过，中共中央办公厅、国务院办公厅印发了《生态文明建设目标评价考核办法》（以下简称《办法》），国家发展改革委、国家统计局、环境保护部、中央组织部印发了《生态文明建设考核目标体系》和《绿色发展指标体系》，从而形成了“一个办法、两个体系”，建立了生态文明建设目标评价考核的制度规范。根据《办法》规定，年度评价按照《绿色发展指标体系》实施，从资源利用、环境治理、环境质量、生态保护、增长质量、绿色生活、公众满意程度七个方面评估各地区上一年度生态文明建设进展总体情况。其中，前六个方面的 55 项评价指标纳入绿色发展指数的计算；公众满意程度调查结果进行单独评价与分析。2017 年 12 月 26 日，2016 年生态文

① 谢炳庚、向云波：《美丽中国建设水平评价指标体系构建与应用》，《经济地理》2017 年第 4 期。

明建设年度评价结果公报正式公布，浙江名列全国第三，仅次于北京与福建。[①] 具体见表7-1和表7-2。

表7-1 2016年生态文明建设年度评价结果排序

地区	绿色发展指数	资源利用指数	环境治理指数	环境质量指数	生态保护指数	增长质量指数	绿色生活指数	公众满意程度
北京	1	21	1	28	19	1	1	30
福建	2	1	14	3	5	11	9	4
浙江	3	5	4	12	16	3	5	9
上海	4	9	3	24	28	2	2	23
重庆	5	11	15	9	1	7	20	5
海南	6	14	20	1	14	16	15	3
湖北	7	4	7	13	17	13	17	20
湖南	8	16	11	10	9	8	25	7
江苏	9	2	8	21	31	4	3	17
云南	10	7	25	5	2	25	28	14
吉林	11	3	21	17	8	20	11	19
广西	12	8	28	4	12	29	22	15
广东	13	10	18	15	27	6	6	24
四川	14	12	22	16	3	14	27	8
江西	15	20	24	11	6	15	14	13
甘肃	16	6	23	8	25	24	23	11
贵州	17	26	19	7	7	19	26	2
山东	18	23	5	23	26	10	8	16
安徽	19	19	9	20	22	9	23	21
河北	20	18	2	30	13	25	19	31
黑龙江	21	25	25	14	11	18	12	25
河南	22	15	12	26	24	17	10	26
陕西	23	22	17	22	23	12	21	18
内蒙古	24	28	16	19	15	23	13	22
青海	25	24	30	6	21	30	30	6

① 《重磅！官方首次发布生态文明建设年度评价，浙江位列全国第三》，浙江在线，2017年12月26日。

续表

地区	绿色发展指数	资源利用指数	环境治理指数	环境质量指数	生态保护指数	增长质量指数	绿色生活指数	公众满意程度
山西	26	29	13	29	20	21	4	27
辽宁	27	30	10	18	18	28	29	28
天津	28	12	6	31	30	5	7	29
宁夏	29	17	27	27	29	22	16	10
西藏	30	31	31	2	4	27	31	1
新疆	31	27	29	25	10	31	18	12

注：本表中各省（区、市）按照绿色发展指数值从大到小排序。若存在并列情况，则下一个地区排序向后递延。

表 7－2 2016 年生态文明建设年度评价结果

地区	绿色发展指数	资源利用指数	环境治理指数	环境质量指数	生态保护指数	增长质量指数	绿色生活指数	公众满意程度(%)
北京	83.71	82.92	98.36	78.75	70.86	93.91	83.15	67.82
天津	76.54	84.40	83.10	67.13	64.81	81.96	75.02	70.58
河北	78.69	83.34	87.49	77.31	72.48	70.45	70.28	62.50
山西	76.78	78.87	80.55	77.51	70.66	71.18	78.34	73.16
内蒙古	77.90	79.99	78.79	84.60	72.35	70.87	72.52	77.53
辽宁	76.58	76.69	81.11	85.01	71.46	68.37	67.79	70.96
吉林	79.60	86.13	76.10	85.05	73.44	71.20	73.05	79.03
黑龙江	78.20	81.30	74.43	86.51	73.21	72.04	72.79	74.25
上海	81.83	84.98	86.87	81.28	66.22	93.20	80.52	76.51
江苏	80.41	86.89	81.64	84.04	62.84	82.10	79.71	80.31
浙江	82.61	85.87	84.84	87.23	72.19	82.33	77.48	83.78
安徽	79.02	83.19	81.13	84.25	70.46	76.03	69.29	78.09
福建	83.58	90.32	80.12	92.84	74.78	74.55	73.65	87.14
江西	79.28	82.95	74.51	88.09	74.61	72.93	72.43	81.96
山东	79.11	82.66	84.36	82.35	68.23	75.68	74.47	81.14
河南	78.10	83.87	80.83	79.60	69.34	72.18	73.22	74.17
湖北	80.71	86.07	82.28	86.86	71.97	73.48	70.73	78.22
湖南	80.48	83.70	80.84	88.27	73.33	77.38	69.10	85.91
广东	79.57	84.72	77.38	86.38	67.23	79.38	75.19	75.44
广西	79.58	85.25	73.73	91.90	72.94	68.31	69.36	81.79
海南	80.85	84.07	76.94	94.95	72.45	72.24	71.71	87.16

续表

地区	绿色发展指数	资源利用指数	环境治理指数	环境质量指数	生态保护指数	增长质量指数	绿色生活指数	公众满意程度(%)
重庆	81.67	84.49	79.95	89.31	77.68	78.49	70.05	86.25
四川	79.40	84.40	75.87	86.25	75.48	72.97	68.92	85.62
贵州	79.15	80.64	77.10	90.96	74.57	71.67	69.05	87.82
云南	80.28	85.32	74.43	91.64	75.79	70.45	68.74	81.81
西藏	75.36	75.43	62.91	94.39	75.22	70.08	63.16	88.14
陕西	77.94	82.84	78.69	82.41	69.95	74.41	69.50	79.18
甘肃	79.22	85.74	75.38	90.27	68.83	70.65	69.29	82.18
青海	76.90	82.32	67.90	91.42	70.65	68.23	65.18	85.92
宁夏	76.00	83.37	74.09	79.48	66.13	70.91	71.43	82.61
新疆	75.20	80.27	68.85	80.34	73.27	67.71	70.63	81.99

根据中共浙江省委办公厅、浙江省人民政府办公厅印发的《浙江省生态文明建设目标评价考核办法》和省发展改革委、省统计局、省环保厅、省委组织部印发的《浙江省绿色发展指标体系》《浙江省生态文明建设考核目标体系》要求，2018 年浙江省政府公布了 2016 年各市、县（市、区）生态文明建设年度评价结果。[①] 见表 7 -3、表 7 -4。

表 7 -3　2016 年设区市生态文明建设年度评价结果排序

地区	绿色发展指数	资源利用指数	环境治理指数	环境质量指数	生态保护指数	增长质量指数	绿色生活指数
杭州市	1	1	10	9	3	2	5
金华市	2	6	2	2	5	9	8
丽水市	3	4	8	1	1	11	10
湖州市	4	3	3	4	9	6	4
绍兴市	5	10	1	6	8	7	2
温州市	6	5	4	8	6	5	7
台州市	7	8	7	7	2	8	9
衢州市	8	7	5	3	4	10	11
舟山市	9	2	11	5	10	1	6
宁波市	10	11	9	10	7	4	1
嘉兴市	11	9	6	11	11	3	3

① 浙江省统计局：《2016 年生态文明建设年度评价结果公报》（2018 年 2 月 1 日）。

表 7－4 2016 年设区市生态文明建设年度评价结果

地区	绿色发展指数	资源利用指数	环境治理指数	环境质量指数	生态保护指数	增长质量指数	绿色生活指数
杭州市	80.57	82.89	74.90	87.68	77.05	77.77	78.72
宁波市	78.96	80.13	75.52	85.91	74.20	73.94	79.84
温州市	80.13	81.34	77.83	88.96	74.99	73.52	76.52
嘉兴市	77.70	80.81	76.66	79.47	69.32	74.36	78.86
湖州市	80.43	81.61	77.84	90.49	73.00	73.08	78.82
绍兴市	80.17	80.27	78.04	90.11	74.16	72.90	79.50
金华市	80.56	81.19	77.98	91.85	76.21	71.69	76.37
衢州市	79.69	81.04	76.90	91.21	76.88	68.75	73.68
舟山市	79.63	81.76	72.03	90.28	71.34	78.14	77.82
台州市	79.98	80.97	76.47	89.01	77.93	72.11	76.35
丽水市	80.49	81.41	75.64	94.57	79.83	67.87	74.82

表 7－5 2016 年县（市、区）生态文明建设年度评价结果排序

地区	绿色发展指数	资源利用指数	环境治理指数	环境质量指数	生态保护指数	增长质量指数	绿色生活指数
滨江区	1	13	46	50	—	1	6
浦江县	2	49	1	9	11	63	64
西湖区	3	28	50	57	—	3	5
安吉县	4	77	4	13	23	54	3
拱墅区	5	1	44	87	—	4	8
普陀区	6	5	78	18	—	11	39
临安区	7	38	11	33	7	47	55
磐安县	8	67	3	15	2	74	71
婺城区	9	9	22	28	67	39	37
江山市	10	16	21	17	16	65	54
吴兴区	11	6	49	45	—	8	24
永康市	12	30	6	49	37	52	21
桐庐县	13	37	9	19	20	48	73
临海市	14	25	36	32	17	29	48
诸暨市	15	33	18	40	48	19	22
越城区	16	29	13	60	—	53	4
上城区	17	2	64	56	—	25	12

续表

地区	绿色发展指数	资源利用指数	环境治理指数	环境质量指数	生态保护指数	增长质量指数	绿色生活指数
嵊泗县	18	11	17	31	56	23	53
建德市	19	4	67	21	14	60	65
鹿城区	20	7	76	54	46	7	19
天台县	21	36	24	14	25	57	67
长兴县	22	44	10	34	47	46	33
柯城区	23	3	28	59	70	34	63
莲都区	24	34	25	30	64	67	18
柯桥区	25	54	14	52	45	49	1
德清县	26	24	23	46	41	28	57
江干区	27	14	47	51	—	24	15
青田县	28	12	53	1	24	73	74
江北区	29	8	42	68	—	6	10
新昌县	30	84	2	24	29	16	60
永嘉县	31	22	61	6	13	66	77
义乌市	32	45	48	35	43	9	31
定海区	33	17	70	58	—	5	29
庆元县	34	32	80	4	1	80	84
余杭区	35	27	15	75	42	13	14
象山县	36	82	8	39	15	61	51
南湖区	37	20	12	81	—	14	11
兰溪市	38	66	20	26	40	70	44
上虞区	39	70	5	53	52	32	32
嵊州市	40	59	27	37	33	42	69
淳安县	41	51	77	20	4	64	40
南浔区	42	21	59	48	—	59	30
东阳市	43	58	57	22	39	33	56
黄岩区	44	42	16	61	—	55	36
平阳县	45	39	52	29	36	56	68
龙游县	46	26	29	38	30	76	82
龙泉市	47	60	74	12	3	68	78
常山县	48	41	37	16	22	84	80
金东区	49	83	7	36	—	72	34
开化县	50	19	66	43	6	69	76
仙居县	51	74	65	3	19	40	79

续表

地区	绿色发展指数	资源利用指数	环境治理指数	环境质量指数	生态保护指数	增长质量指数	绿色生活指数
遂昌县	52	62	34	25	18	77	66
下城区	53	47	44	77	—	2	13
乐清市	54	15	30	71	49	18	41
衢江区	55	18	41	41	—	81	62
北仑区	56	65	26	70	57	15	9
景宁县	57	35	82	10	5	79	86
缙云县	58	23	84	8	9	86	83
萧山区	59	57	35	69	50	20	2
秀洲区	60	63	19	72	—	43	16
宁海县	61	79	31	55	31	58	35
瓯海区	62	10	43	76	65	41	17
武义县	63	53	75	23	35	71	59
富阳区	64	72	81	42	27	30	46
岱山县	65	31	83	44	58	17	61
嘉善县	66	40	32	63	63	21	47
泰顺县	67	78	69	11	12	83	81
玉环县	68	48	54	64	32	50	58
文成县	69	55	87	7	21	75	72
苍南县	70	61	55	62	34	62	45
路桥区	71	43	68	84	28	22	20
海盐县	72	50	33	79	51	12	38
奉化区	73	46	63	67	38	85	49
镇海区	74	73	58	73	66	51	7
松阳县	75	81	73	27	10	87	87
温岭市	76	68	62	65	53	38	70
余姚市	77	75	72	74	44	36	23
三门县	78	86	79	47	26	78	52
云和县	79	85	86	2	8	82	85
椒江区	80	80	40	78	69	31	27
龙湾区	81	69	51	80	68	45	26
洞头区	82	87	56	5	54	44	75
瑞安市	83	71	85	66	55	26	43
平湖市	84	52	38	83	62	35	50
桐乡市	85	76	39	82	61	27	42
海宁市	86	56	60	86	59	37	25
慈溪市	87	64	71	85	60	10	28

表 7－6　2016 年县（市、区）生态文明建设年度评价结果

地区	绿色发展指数	资源利用指数	环境治理指数	环境质量指数	生态保护指数	增长质量指数	绿色生活指数
上城区	81.04	87.12	73.54	88.97	—	74.44	81.92
下城区	79.64	81.22	74.93	81.91	—	84.97	81.74
江干区	80.69	83.21	74.85	89.50	—	74.49	81.46
拱墅区	81.54	93.56	74.93	74.85	—	82.32	82.41
西湖区	81.69	82.44	74.70	88.87	—	84.07	83.60
滨江区	83.35	83.48	74.93	89.61	—	94.02	83.48
萧山区	79.27	80.87	75.65	84.75	70.68	74.96	84.21
余杭区	80.21	82.61	78.55	82.56	73.51	76.08	81.66
富阳区	78.99	79.96	71.54	90.97	76.12	73.64	77.30
桐庐县	81.36	81.95	79.53	93.54	77.02	72.24	73.81
淳安县	79.90	81.05	72.27	93.31	80.31	69.18	77.83
建德市	80.98	85.63	73.04	93.24	77.88	69.84	74.52
临安区	81.52	81.95	78.96	92.16	79.89	72.40	76.43
江北区	80.66	84.60	74.95	85.08	—	80.21	82.24
北仑区	79.34	80.33	76.80	84.68	67.31	75.61	82.25
镇海区	77.73	79.92	74.23	83.58	60.55	71.36	82.88
奉化区	78.03	81.24	74.06	85.12	74.28	67.00	76.76
象山县	80.16	78.51	79.64	91.35	77.87	69.84	76.66
宁海县	79.19	78.94	76.20	89.17	75.30	70.57	78.57
余姚市	77.50	79.69	72.66	82.68	72.54	73.36	80.37
慈溪市	76.41	80.61	72.72	77.70	66.69	76.55	79.83
鹿城区	80.96	84.85	72.29	89.18	72.42	77.07	81.24
龙湾区	77.05	80.15	74.67	81.41	60.45	72.56	80.05
瓯海区	79.07	83.77	74.94	82.37	61.27	72.77	81.31
洞头区	76.94	72.07	74.36	94.68	68.50	72.60	73.49
永嘉县	80.42	82.85	74.13	94.65	77.94	69.06	73.28
平阳县	79.85	81.92	74.45	92.43	74.63	70.86	74.44
苍南县	78.69	80.71	74.38	87.50	74.79	69.64	77.33
文成县	78.73	80.89	69.72	94.61	77.02	68.05	73.81
泰顺县	78.77	79.14	72.86	94.21	78.51	67.20	73.08
瑞安市	76.93	80.05	71.01	85.19	68.04	74.36	77.61
乐清市	79.48	83.21	76.23	84.63	71.62	75.12	77.72
南湖区	80.08	82.93	78.94	81.30	—	75.80	82.14

续表

地区	绿色发展指数	资源利用指数	环境治理指数	环境质量指数	生态保护指数	增长质量指数	绿色生活指数
秀洲区	79.22	80.63	78.02	83.74	—	72.75	81.33
嘉善县	78.82	81.87	76.03	87.11	63.46	74.84	77.22
海盐县	78.21	81.17	75.88	81.46	69.86	76.42	78.09
海宁市	76.57	80.88	74.16	76.54	66.89	73.35	80.12
平湖市	76.77	81.04	75.37	79.88	64.34	73.36	76.71
桐乡市	76.73	79.56	75.18	80.03	65.49	74.07	77.62
吴兴区	81.39	85.19	74.81	90.48	—	76.75	80.12
南浔区	79.88	82.93	74.23	90.02	—	69.84	79.63
德清县	80.74	82.67	77.74	90.47	73.58	73.88	75.97
长兴县	80.85	81.41	79.32	91.99	72.40	72.46	78.93
安吉县	81.60	79.25	80.55	94.04	76.55	70.94	84.00
越城区	81.06	82.40	78.82	88.75	—	71.02	83.67
柯桥区	80.75	80.95	78.61	89.18	72.46	71.69	86.83
上虞区	80.01	80.08	80.51	89.18	69.79	73.55	78.97
新昌县	80.62	77.32	81.66	92.89	75.52	75.60	75.67
诸暨市	81.08	82.24	78.05	91.20	72.16	75.05	80.63
嵊州市	79.96	80.80	76.79	91.57	74.90	72.76	74.44
婺城区	81.42	83.80	77.74	92.45	60.47	72.95	78.14
金东区	79.78	78.47	79.69	91.60	—	68.22	78.85
武义县	79.03	81.00	72.46	93.02	74.77	68.59	75.70
浦江县	82.36	81.17	84.55	94.46	78.87	69.28	74.54
磐安县	81.49	80.21	80.94	93.83	84.22	68.15	73.98
兰溪市	80.03	80.33	77.95	92.68	73.61	68.59	77.45
义乌市	80.42	81.28	74.82	91.81	73.01	76.68	79.46
东阳市	79.86	80.81	74.33	93.08	73.81	73.50	76.28
永康市	81.36	82.39	80.41	89.90	74.36	71.29	81.03
柯城区	80.84	86.13	76.53	88.77	60.00	73.43	75.21
衢江区	79.36	83.01	75.01	91.17	—	67.32	75.25
常山县	79.80	81.63	75.40	93.76	76.83	67.01	73.13
开化县	79.73	83.00	73.32	90.58	79.92	68.84	73.48
龙游县	79.85	82.61	76.37	91.35	75.47	68.04	72.96
江山市	81.41	83.19	77.89	93.74	77.54	69.17	76.50
定海区	80.26	83.06	72.79	88.83	—	80.48	79.72
普陀区	81.52	85.42	72.23	93.57	—	76.51	78.04
岱山县	78.95	82.35	71.03	90.57	67.14	75.40	75.26
嵊泗县	81.03	83.75	78.30	92.30	67.78	74.66	76.57
椒江区	77.06	78.61	75.14	81.73	60.07	73.61	79.93

续表

地区	绿色发展指数	资源利用指数	环境治理指数	环境质量指数	生态保护指数	增长质量指数	绿色生活指数
黄岩区	79.85	81.63	78.35	88.13	—	70.86	78.55
路桥区	78.22	81.41	72.99	79.59	75.66	74.78	81.09
玉环县	78.74	81.19	74.41	86.71	74.93	71.53	75.90
三门县	77.35	76.08	72.01	90.37	76.30	67.83	76.63
天台县	80.86	82.01	77.50	93.85	76.33	70.81	74.49
仙居县	79.69	79.87	73.53	95.02	77.12	72.87	73.20
温岭市	77.57	80.16	74.10	85.55	69.47	73.23	74.20
临海市	81.10	82.67	75.51	92.26	77.25	73.83	76.84
莲都区	80.82	82.10	77.48	92.34	61.72	69.04	81.31
青田县	80.67	83.58	74.41	95.82	76.40	68.20	73.52
缙云县	79.32	82.77	71.02	94.53	79.06	66.83	70.36
遂昌县	79.66	80.71	75.77	92.77	77.15	67.84	74.50
松阳县	77.67	78.51	72.64	92.51	79.02	66.23	67.98
云和县	77.27	76.12	70.59	95.10	79.52	67.23	69.61
庆元县	80.22	82.28	71.95	94.80	86.38	67.67	69.86
景宁县	79.34	82.10	71.45	94.45	80.06	67.69	69.25
龙泉市	79.81	80.73	72.47	94.13	82.97	68.95	73.21

可以说，多年来，浙江以“八八战略”为总纲，一张蓝图绘到底，积极推进绿色发展，在生态文明建设上先行先试，从“千村示范、万村整治”到建设美丽乡村和推进万村景区化建设，从“三改一拆、五水共治”到整治小城镇环境和谋划“大花园”建设。这场遍及全省的绿色革命和美丽建设，正加速重构天更蓝、地更绿、水更净的美好家园，努力奔向“绿富美”。综合全国和浙江生态文明考核评价的指标分析，初步可以得出如下结论：浙江绿色发展指数位居全国前列，杭州、金华、丽水分别居浙江省设区市前三位，滨江区、浦江县、西湖区、安吉县、拱墅区、普陀区、临安区、磐安县、婺城区、江山市分别居全省县（市、区）前10位。具体分析如下。[①]

一是增长质量指数居全国第3位，滨江区、下城区、西湖区、拱墅区、

① 《迈向绿色发展新时代——2016年生态文明建设年度评价结果解读》，浙江统计信息网，2018年2月7日。

定海区、江北区、鹿城区、吴兴区、义乌市、慈溪市分别列全省县（市、区）前10位。“增长质量”主要从经济增速、效率、效益、结构和动力等方面反映经济发展的质量，以体现绿色与发展的协调统一。从全国看，2016年增长质量指数列前5位的分别是北京、上海、浙江、江苏、天津。浙江省战略性新兴产业增加值占GDP比重、第三产业增加值占GDP比重、居民人均可支配收入等指标均列全国前10位。

从全省分区域看，列全省增长质量指数前10位的县（市、区），人均GDP增长率为9.0%，居民可支配收入为49920元，第三产业增加值占GDP比重为65.5%，战略性新兴产业增加值占GDP比重为44.5%，研究与试验发展经费支出占GDP比重为3.0%，均明显高于全省总体水平。

二是环境治理指数居全国第4位，浦江县、新昌县、磐安县、安吉县、上虞市、永康市、金东区、象山县、桐庐县、长兴县分别列全省县（市、区）前10。“环境治理”重点反映主要污染物、危险废物、生活垃圾和污水的治理以及污染治理投资等情况。从全国看，2016年，环境治理指数列前5位的分别是北京、河北、上海、浙江、山东。浙江省化学需氧量排放量降低率、氨氮排放量降低率、二氧化硫排放量降低率、氮氧化物排放量降低率均完成国家下达的目标任务，生活垃圾无害化处理率为99.97%，城市污水处理率为93.2%，90%的村实现生活污水有效治理，86%的村实现生活垃圾有效处理。垃圾分类做法在全国推广。

从全省区域看，列全省环境治理指数前10位的县（市、区），平均化学需氧量排放量降低率、氨氮排放量降低率、二氧化硫排放量降低率、氮氧化物排放量降低率分别为9.8%、11.1%、6.6%、6.4%，危险废物处置利用率达到97.5%，生活垃圾无害化处理率达到100%，污水集中处理率达到90.4%，环境污染治理投资占GDP比重为1.46%，农村生活垃圾减量化资源化无害化处理建制村覆盖率为18%。

三是资源利用指数居全国第5位，拱墅区、上城区、柯城区、建德市、普陀区、吴兴区、鹿城区、江北区、婺城区、瓯海区列全省县（市、区）前10。“资源利用”重点反映能源、水资源、建设用地的总量与强度双控要求和资源利用效率，目的是引导地区提高资源节约集约循环使用率，提高资源使用效益，减少排放。从全国看，2016年，资源利用指数列前5位的分别是福建、江苏、吉林、湖北、浙江。2016 年浙江省淘汰落后和严重过剩产能企业 2000 多家，杭钢集团半山钢铁基地顺利关停，单位 GDP 能耗降至 0. 44 吨标准煤/万元，是能源利用水平最高的省份之一；单位 GDP 用水量约为 39 立方米/万元，是水资源集约利用水平最好的省份之一。

从全省区域看，资源利用指数列全省前 10 位的县（市、区），平均能源消费总量增长 1. 5%，单位 GDP 能耗下降 6. 2%，单位 GDP 二氧化碳排放降低 15. 4%，用水总量下降 3. 2%，万元 GDP 用水量下降 10. 7%，单位工业增加值用水量降低率为 14. 9%，单位 GDP 建设用地面积降低率为 7. 1%。

四是绿色生活指数居全国第 5 位，柯桥区、萧山区、安吉县、越城区、西湖区、滨江区、镇海区、拱墅区、北仑区、江北区分别列全省县（市、区）前 10。“绿色生活”重点从公共机构、绿色产品推广使用、绿色出行、建筑、绿地、农村自来水和卫生厕所等方面反映绿色生活方式的转变以及生活环境的改善，体现绿色生活方式的倡导引领作用。从全国看，2016 年，绿色生活指数列前 5 位的分别是北京、上海、江苏、山西、浙江。浙江省城镇绿色建筑占新建建筑比重、农村自来水普及率、农村卫生厕所普及率、公共机构人均能耗降低率等均居全国前列。

从全省区域看，绿色生活指数列全省前 10 位的县（市、区），平均公共机构人均能耗降低率 3. 8%，新能源汽车保有量增长率 260%，城镇每万人公共交通客运量 308. 5 万人次，城镇绿色建筑面积占新建建筑比重为 96. 8%，城市建成区绿地率为 37. 3%，农村自来水普及率、农村无害化卫生厕所普及率基本达到 100%。

五是环境质量指数居全国第 12 位，青田县、云和县、仙居县、庆元县、洞头区、永嘉县、文成县、缙云县、浦江县、景宁县分别列全省县（市、区）前 10。“环境质量”重点反映大气、水、土壤和海洋的环境质量状况。从全国看，2016 年，环境质量指数列前 5 位的分别是海南、西藏、福建、广西、云南。高水平全面建成小康社会，生态环境质量是关键，浙江提出“确保不把违法建筑、污泥浊水、脏乱差环境带入全面小康”，全面剿灭劣Ⅴ类水，彰显出浙江决心。地表水劣Ⅴ类水体比例、地表水达到或好于Ⅲ类水体比例等位居全国前列，其他指标基本处于中等水平。

从全省区域看，环境质量指数列全省前 10 位的县（市、区），地表水达到或好于Ⅲ类水体比例、地表水劣Ⅴ类水体比例、重要江河湖泊水功能区水质达标率、县级及以上城市集中式饮用水水源水质达到或优于Ⅲ类比例均处于全省最好水平，空气质量优良天数比率达到96.8%，细颗粒物（PM2.5）未达标设区市及以上城市浓度降低率为7.1%，单位耕地面积化肥和农药使用量分别为219.1千克/公顷和11.1千克/公顷。

六是生态保护指数居全国第16位，庆元县、磐安县、龙泉市、淳安县、景宁县、开化县、临安区、云和县、缙云县、松阳县分别列全省县（市、区）前10位。“生态保护”重点反映森林、草原、湿地、海洋、自然岸线、自然保护区、水土流失、土地沙化和矿山恢复等生态系统的保护与治理。从全国看，2016年，生态保护指数列前5位的分别是重庆、云南、四川、西藏、福建。浙江除森林覆盖率、海洋保护区面积增长率等指标位居前列外，大部分指标处于中等略靠后位次。

从全省区域看，生态保护指数列全省前10位的县（市、区）中，平均森林覆盖率达到80.2%，森林蓄积量为4.71亿立方米，新增水土流失治理面积为274.8万公顷。可以说从东海之滨到浙西山麓，从杭嘉湖平原到瓯江两岸，满眼的绿意已成为浙江大地最动人的底色。

第二节 美丽浙江评价指标体系的建构思路与说明

根据美丽浙江战略的历史演进脉络、基本内涵、内容构成、浙江各级政府的政策举措和目标导向，美丽浙江的评价指标体系主要涵盖环境质量指标、绿色发展指标、城乡面貌指标、全域旅游指标、人文社会指标和制度建设指标。指标选取遵循以下原则：（1）主导性原则，突出关键指标和重要内容。（2）可获取性原则，即权威数据指标的可获取性和公开性。（3）可比性原则，一方面指标含义、统计口径等具有可比性；另一方面借鉴国外已有评价指标体系使其与国际评价体系具有可比性。（4）层次性原则。（5）定量与定性相结合原则。

指标体系包含三个层次，一级指标为美丽浙江目标层；二级目标包括生态环境质量、绿色发展、城乡面貌、全域旅游、人文社会事业五个层面；三级指标在二级指标下选取若干单项评价指标组成。

一　关于生态环境质量指标

生态文明建设是美丽浙江的重中之重。2003～2018年，浙江省委、省政府按照“一张蓝图绘到底、一任接着一任干”的接力精神，持续推进生态文明建设。其中，生态省建设作为长期以来浙江生态文明建设的主基调和主旋律，以其前瞻性、系统性、科学性为浙江生态建设战略深化夯筑了“四梁八柱”。[①] 同时根据人民日益增长的美好生活需要的时代特征，及时作出战略深化。浙江省第十四次党代会对“美丽浙江”作出的部署，鲜明提出了生态文明建设的接力要求。浙江生态文明建设在内容上的不断完善和要求上的不断升级，充分体现了坚定走好“绿水青山就是金山银山”之路的高度自觉和实践担当。生态环境质量指标主要反映的是各区域生态环境质量和环境治理成效，是美丽浙江建设的最重要内容构成，在整个指标体系中居于关键地位，是权重最大的指标体系。主要内容包括衡量空气、水、土壤、废弃物处理、生态保护和修复等，具体指标包括：（1）地级及以上城市空气质量优良天数比率；（2）细颗粒物（PM2.5）浓度下降比例；（3）地表水达到或好于Ⅲ类水体比例；（4）近岸海域水质优良（一、二类）比例；（5）污水集中处理率；（6）单位耕地面积化肥和农药使用量；（7）污染地块安全利用率和受污染耕地安全利用率；（8）危险废物规范化管理达标率；（9）森林蓄积量和覆盖率。

二　关于绿色发展指标

绿色发展是以效率、和谐、持续为目标的经济增长和社会发展方式。从内涵看，绿色发展是在传统发展基础上的一种模式创新，是建立在生态环境容量和资源承载力的约束条件下，将环境保护作为实现可持续发展重要支柱的一种新型发展模式。具体来说，包括以下几个要点：一是要将环境资源作为社会经济发展的内在要素；二是要把实现经济、社会和环境的可持续发展

① 《美丽浙江　特色体现》，浙江新闻客户端，https：//zj.zj01.com.cn/，2018年9月3日。

作为绿色发展的目标；三是要把经济活动过程和结果的“绿色化”“生态化”作为绿色发展的主要内容和途径。当今世界，绿色发展已经成为一个重要趋势，许多国家把发展绿色产业作为推动经济结构调整的重要举措。绿色发展指标在整个美丽浙江指标体系中居于十分重要的地位，是引导经济发展方式转变的重要机制。具体指标包括：（1）单位 GDP 能源消耗；（2）非化石能源占一次能源消费比重；（3）单位 GDP 建设用地面积；（4）单位 GDP 二氧化碳排放量；（5）第三产业增加值占 GDP 比重；（6）战略性新兴产业增加值占 GDP 比重；（7）新能源汽车保有量增长率；（8）绿色出行（城镇每万人口公共交通客运量）；（9）城镇绿色建筑占新建建筑比重。

三 关于城乡面貌指标

城乡面貌是美丽浙江的直观体现。近年来，浙江大力度推进“三改一拆”、小城镇环境综合整治、美丽乡村等各项举措，许多工作在全国产生积极影响。尤其是自 2003 年实施“千村示范、万村整治”工程以来，全省美丽乡村建设已经从“一处美”迈向“一片美”，从“一时美”迈向“持久美”，从“外在美”迈向“内在美”，从“环境美”迈向“发展美”，从“形态美”迈向“制度美”，打造了美丽乡村这张浙江的“金名片”，城乡呈现更加均衡、更加融合的新格局。[①] 因此，城乡面貌指标是美丽浙江指标体系重要组成部分，也是体现浙江的特色和亮点。具体指标如下：（1）美丽城镇建设指标，包括“三改一拆”情况、城市人均绿化面积等；（2）美丽乡村建设指标，包括农村 A 级景区创建情况、星级农家乐建设情况；（3）美丽田园建设指标。

四 关于全域旅游指标

全域旅游是美丽浙江的外在形态，更是“绿水青山就是金山银山”理念的重要转化机制和实现路径。全域旅游不仅是淋漓尽致展现浙江独特韵味

① 《美丽浙江 特色体现》，浙江新闻客户端，https：//zj. zj01. com. cn/，2018 年 9 月 3 日。

的窗口，而且成为联动一、二、三产业的纽带。旅游业与乡村、工业、文化、体育、林业等多行业从“简单相加”到“相融相盛”，不仅催生了一批新业态、新产品，推动全省走向“处处是风景、行行加旅游、时时可旅游”的全域旅游愿景，更重要的是，能够提升整个经济发展的活力，体现出产业独有的开放性、包容性和关联性价值。因此，全域旅游指标直接反映了美丽浙江建设的成效，其具体指标包括：3A 级以上景区的数量、游客接待人次、游客人均消费、旅游业占 GDP 比重。

五　关于人文社会指标

“美丽中国”总体包含两方面的价值：一是自然资源价值（看得见山望得见水），二是人文资源价值（记得住乡愁）。“美丽中国”的理念将国家民族的命运和人民大众的生活更加紧密地联系在一起，从而集中体现出聚焦人的维度。“美丽中国”，既是高度的政治智慧，也是深沉的人文关怀；它既要重视生态文明和物质环境的建设，也要大力推进精神文明和社会文化环境的建设。实际上，从历史的角度看，对生态文化的高度重视，也是天人和谐、尊重自然、关怀生存的中华文化乐生精神与人文品格的历史延续和时代推进。[①] 因此，美丽浙江指标体系必须体现出浙江人文底蕴、公民文明素养、社会事业发展水平等指标，它们是美丽浙江的深层次内涵。具体指标包括：历史文化名城（镇、村）、省级以上文保单位数量、人均受教育年限、人均预期寿命、养老保险覆盖率、农村文化礼堂覆盖率等。

① 金雅：《“美丽中国”的人文关怀维度与生活品质建构》，《鄱阳湖学刊》2013 年第 6 期。

第　八　章

美丽浙江建设的横向比较与经验借鉴

党的十九大报告将建成富强民主文明和谐美丽的社会主义现代化强国作为我国到21世纪中叶前的奋斗目标，并且明确指出坚持人与自然和谐共生，建设生态文明是中华民族永续发展的千年大计。生态文明思想源远流长，作为舶来品起源于国外马克思主义学者的理论研究，研究借鉴其他国家相关的生态文明建设经验，有助于建设美丽中国；研究借鉴中国其他省份的生态文明现状，有助于建设美丽浙江。

第一节　从可持续发展战略到生态文明建设

改革开放以来，党中央、国务院高度重视中国的可持续发展。1994年3月，国务院通过《中国21世纪议程》，确定实施可持续发展战略。党的十九大报告更是将可持续发展战略确定为决胜全面建成小康社会需要坚定实施的七大战略之一。实现经济社会的可持续发展，必须保护自然、尊重自然和顺应自然，按照自然的规律来办事情。也就是说，实现生态文明，就要着重强调人类与自然的和谐相处，这是可持续发展战略的思想基础。从这个意义上来说，可持续发展的目标跟生态文明的理念完全是一致的。美丽中国是着眼于我国现实国情和未来发展定位提出的重要战略目标，建设美丽中国是实现中华民族发展的必然选择，其必将推动中国走向社会主义生态文明新时代。

一　可持续发展与可持续发展战略

1. 可持续发展的提出与含义

可持续发展是什么？首先应从可持续发展概念的背景和现实情况出发。可持续发展概念的提出有着深刻的历史背景和现实意义。首先，21世纪的今天，人口增长越来越快，世界人口膨胀问题越来越严重，这就造成了人与经济社会发展之间、人与资源环境之间的矛盾越来越严重。其次，人类对环境资源的需求量越来越大，资源的消耗也在逐渐变大。特别是在资源消耗量逐渐增大的同时，自然界废弃污染物排放量也越来越大，使环境恶化。最后，在经济上，许多国家的人盲目追求经济发展或只看到GDP的增长，而忽视了经济发展与资源、环境之间的关系，导致了一系列的环境问题。

为了解决当今世界日益严重的环境、人口和资源问题，人类不得不重新审视人与自然的关系，从而进一步提出了谋求与建立人与自然和谐相处、协调发展的新模式，这就是可持续发展模式。从20世纪80年代开始，为了顺应时代的变迁和经济社会的发展，人类提出了可持续发展。“可持续发展”的概念是1987年由挪威前首相布伦特兰夫人担任主席的世界环发委员会首先提出的。所谓可持续发展是既满足当代人的需求，又不对后代人满足其自身需求的能力构成危害的发展。

可持续发展内涵非常丰富，可以从以下三个方面来看。（1）需要。可持续发展的目标是满足人类长远发展的需要，可持续发展标志着人类文明史的发展观进入了一个新的阶段，它的前提是发展，但它不再一味强调经济发展，这是一种与传统发展观截然不同的新的发展观。（2）限制。可持续发展观强调，人类的行为要与经济、社会、资源、环境等多个要素相互协调，并且强调人类的行为要受到自然界的制约。（3）公平。可持续发展的公平包括代际公平、当代人之间的公平、人类与其他物种的公平，以及不同国家和不同地区的公平，要求把眼前利益和长远利益、局部利益和全局利益有机统一起来。

2. 可持续发展战略

什么是可持续发展战略？学术界对可持续发展战略有不同的看法，有的认为中国作为发展中国家，可持续发展的含义应有其特殊性，并以遵循普遍性和特殊性二者相结合的原则来理解中国可持续发展战略的内涵，可以将其理解为中华民族所生存的自然地理环境以及人文环境之间的协调发展。[①] 有的认为，可持续发展战略包括两个基本内涵：其一，它是一种追求发展的战略，而不是停止发展和倒退回农业社会去的战略。其二，它是一种不危害长期发展能力的战略，而不是一种只顾眼前、不顾长远的战略。[②] 还有的认为可持续发展战略是指，在人类生存与发展过程中，要正确处理好资源、人口与环境三者间的相互关系，使经济发展和社会和谐共处，使人类持久保持高质量的物质文明、精神文明与生态文明三者协调共进的生活条件，实现人类与自然的和谐发展。[③] 综上所述，可持续发展战略就是，要在各个方面和多个领域实现可持续发展，要实现可持续发展的行动和原则，要实现社会、经济、生态、环境各个方面的发展相一致、相协调。20 世纪提出以来，可持续发展战略一直作为我国经济社会发展的基本战略之一被高度重视。

作为我国经济社会发展的基本战略，可持续发展战略由以下部分组成。第一，从发展的要素来看，可持续发展包括：（1）经济增长的可持续性。要实现经济的可持续发展，必须转变经济结构与经济运行机制，包括调整企业的运作方式、产业的结构和布局等。（2）社会发展的可持续性。社会发展的可持续性包括的内容中有人类要为后代的生产与发展提供最基础的条件，也就是在经济和社会的发展面前，不仅要考虑当前人类发展的需要，还要考虑到后代生产发展的需要，要把蓝天白云、绿水青山留给后代。（3）生态环境的可持续性。其表现为经济社会的发展要以保护环境为基础，我们经济社会的发展不能靠牺牲自然资源的承载能力来实现，要保护环境以及生命系统和生物的多样性，这样才能保护生态系统的完整性。不能破坏后代人经

① 宋晓梅：《可持续发展战略内涵初探》，《内蒙古社会科学》1999 年第 4 期。

② 王新前、李晖：《可持续发展战略的内涵、实现途径及措施》，《天府新论》1996 年第 5 期。

③ 湛敏：《可持续发展战略的系统哲学内涵》，《系统辩证学学报》1998 年第 2 期。

济发展和生存的空间，当代人也不能牺牲后代人的利益来透支和破坏环境。第二，从衡量的标准上看，可持续发展包括：（1）发展机会的平等性，人类享有公平的共同发展的权利，人类生存发展的空间是一样的且没有高低之分，目前人类生存条件和后代人的生存条件应该是公平分配的，因此各个社会成员以及各个集团要承担平等的责任和义务，这样才能促进可持续发展。（2）发展战略的全球共同性。当今的世界全球化趋势越来越快，我们要按照习近平总书记说的构建人类命运共同体，扩大全球的合作，从而促进可持续发展战略真正成为全球社会共同奉行的发展战略。第三，从战略的实践上看，可持续发展是一个复杂的系统工程，它不是单个要素各自发展，而是各个要素的协调与共同推进。可持续发展是全球、全人类的可持续发展，各个区域首先要促进各个要素的持续发展，而后以小区域为要素谋求更大区域的全球范围的持续发展。一方面，区域发展是实施可持续发展战略的基础；另一方面，要在可持续发展中寻求更大范围直至全球的可持续发展，这样全人类才有更好的发展前景。

二　生态文明建设：对可持续发展理论的全新认识与超越

面对人口日益增长、资源消耗过大、环境污染严重、生态系统退化的严峻形势，我们要坚定不移实施可持续发展战略，坚持走可持续发展道路。而生态文明建设，是对可持续发展的全新认识与超越。党的十七大报告首次提出“生态文明”，要“建设生态文明，基本形成节约能源资源和保护生态环境的产业结构、增长方式、消费模式”，这是我们党对可持续发展战略的一次升华。党的十七大报告虽然明确提出生态文明建设，但还没有将其视为社会主义事业总体布局中的基本内容。党的十七届四中全会将生态文明建设单列为社会主义建设的基本方面，提出全面推进社会主义经济建设、政治建设、文化建设、社会建设以及生态文明建设。党的十八大报告再次论及“生态文明”，并将其提升到更高的战略层面，指出要把生态文明建设放在突出地位，融入经济建设、政治建设、文化建设、社会建设各方面和全过程。党的十九大报告指出，加快生态文明体制改革，建设美丽中国。党的十九大报告把生态文明建设纳入“千年大计”，从基本理念、重大地位、战略纵深和体制保障四方面夯实了基础，奠定了我国新时代生态文明建设的新格局。因此，生态文明建设成为建设中国特色社会主义事业的最重要的内容之一，这关系到人民的幸福生活，也关系到中华民族的前途和永续发展。在我国大力推进生态文明建设，就要做到以下三点。

1. 做好顶层设计和规划，构建生态文明战略的整体架构

首先，做好产业结构在生态方面的调整，大力发展循环经济，关注生产方式的生态转型升级，从粗放转向集约创新型。其次，推进人们生活方式的生态转向，培养人们形成和践行绿色的消费方式。推进经济发展方式的绿色转向，发展经济的同时注重保护环境，节约、环保的同时调整产业结构，治理污染的同时注重效率创新，生态保护的同时注意与优化生产力空间布局相结合。最后，加强国与国之间的交流与合作，统筹国内和国际两个大局。我国建设生态文明，离不开全球可持续发展的条件支持与外部环境。要积极承担国际责任，自觉参与到国际环境保护领域的治理与保护中，还要根据国情和任务变化与国际形势需要出台新的措施。

2. 完善生态制度和体系建设，建立健全生态文明制度保障体系

首先，构建一套归属清晰、权责明确、保护严格、流转顺畅、监管有效的自然资源资产产权制度，着力解决自然资源所有者不到位、所有权边界模糊等问题，完善对经济社会发展的考核评价体系，从源头保护生态文明，为自然资源的节约利用提供参考依据，形成对生态环境建设的制约与管理。其次，构建一套资源使用制度和红线制度。促进资源的有偿使用，推进资源的补偿制度，支持中西部资源环境发展。继续落实生态红线保护制度，制定一条资源保护的“最低容忍标准”，切实保护国家和区域之间的生态安全，促进经济社会的可持续发展。最后，建立健全奖励和惩罚制度。通过对生态文明建设成效进行综合评估，强化对生态文明建设的奖惩制度体系。例如完善新媒体时代的社会举报与监督、听证制度，充分发挥新媒体网络技术对生态文明建设的支撑作用。确保责任追究制度能够常态化运行，对造成严重后果的领导也必须严厉追究其责任。

3. 注重全民全社会的系统协调，形成全民保护生态合力

发挥党和政府的作用。党和政府部门一方面做好生态文明建设总方向的指引、总要求的思考、总措施的制定，另一方面做好生态文明建设系统的体系维护工作，确保生态文明建设可以从低级向高级有序演化。在生态文明建设中，高度重视市场牵引力的功能，充分发挥市场的作用，保障生态文明建设取得的效果。把公众的参与积极性调动起来，增强人们的生态保护意识、节约意识、环保意识，有效引导人们生活方式的生态化和绿色化。

三　美丽中国是对可持续发展和生态文明建设的延续和扩展

1. 美丽中国的提出

习近平总书记在党的十九大报告中指出，加快生态文明体制改革，建设美丽中国。“美丽中国”的提出，标志着中国共产党已经站在了一个新的历史起点上建设生态文明，也意味着从国家战略发展的层次上高度重视并思考如何建设生态中国的重要问题。

“美丽中国”首先包括美好的环境。人们美好的生活离不开美好的环境，只有有美好的环境人民才会获得美好的生活。因此美好的环境是全人类共同的追求，只有人与自然和谐相处才能促进美好的环境的实现。其次，“美丽中国”包括社会和谐。人类的活动离不开社会，人类的活动具有社会性。人与自然关系要通过社会来连接，创造美好的环境和美丽的生活条件需要和谐的社会环境。美丽中国的实现，也需要全社会的人一起为生态文明建设作出努力，而如果社会不和谐，是无法做到这一点的。最后，“美丽中国”包括人类友好。人的本质是一切社会关系的总和，人与人关系友好才能促进社会有机体的稳定和谐，才能促进人与自然的和谐共处，人与人友好和谐是人与自然和谐的基础和根本前提，人与人的友好幸福生活也是美丽中国的根本落脚点和归宿。

2. 美丽中国是对可持续发展战略和生态文明建设的延续和扩展

党的十八大报告明确提出了建设美丽中国的宏伟目标，这一目标的确立，明确了党坚持可持续发展战略，并且致力于改善人民生存和发展环境，是对生态文明提出了更高的要求并指明了进一步发展的道路，为中国特色社会主义全面发展和完善奠定了最坚实的基础。本质上来说，“美丽中国”就是要坚持可持续发展和生态文明建设，把生态文明建设放在突出地位，融入经济建设、政治建设、文化建设、社会建设各方面和全过程，实现中华民族永续发展。美丽中国是着眼于我国现实国情和未来发展定位提出的重要战略目标，建设美丽中国是实现中华民族发展的必然选择，其必将推动中国走向社会主义生态文明新时代。

树立社会主义生态文明观。作为一种有效指导经济社会发展和生态环境保护的新型文明观，有助于人们充分认识人与自然的交互关系，有利于实现人与自然的和谐共生，激发其忧患意识和保护生态的道德责任。建设宁静、和谐、美丽的中国，必须坚持以节约优先、保护优先、自然恢复为主的方针，强化生态文明建设。

大力推进绿色发展。长期以来，经济社会发展与生态资源环境保护间的矛盾总是难以得到有效的缓解，因此，一种低投入、低消耗、低污染的绿色发展模式就应运而生，这就是可持续发展模式和理念，通过建立健全绿色低碳循环发展经济体系，从源头上推动经济实现绿色转型，彻底改变原有高投入、高消耗、高污染的经济增长模式。依靠科技进步发展绿色技术，推动节能环保产业、清洁生产产业、清洁能源产业发展，提高资源利用率，形成清洁低碳、安全高效的能源体系。同时积极发展绿色金融，动员和激励更多的社会资本进入绿色产业，加快经济的绿色转型。

加强制度建设。加快建立绿色生产和消费的法律制度和政策导向，建立健全绿色低碳循环发展的经济体系；构建以政府为主导、以企业为主体、社会组织和公众共同参与的环境治理体系；严格保护耕地，扩大轮作休耕试点，健全耕地草原森林河流湖泊休养生息制度，建立市场化、多元化的生态补偿机制等。通过这些制度设计和制度保障，形成不敢且不能破坏生态环境的高压态势和社会氛围，从而为建成美丽中国提供制度保障。

第二节　发达国家可持续发展的镜鉴

随着一系列环境问题的产生，可持续发展成为世界发展的重大战略。近年来，世界各国在可持续发展方面做出了诸多尝试，保护好生态和环境、对资源要利用和保护并重、以法制做保障、必须强化政府作为成为可持续发展的趋势。本部分选择英国、德国、瑞士和日本四国，对发达国家的可持续发展战略进行了简要分析，并总结了其对中国可持续发展的启示。

一　英国的可持续发展战略浅析

英国是第一次工业革命的发源地，过去工业在取得重大发展的同时也曾经造成了严重的环境污染，因此，英国不得不重视环境治理，加大了环境整治力度。经过半个多世纪的努力，英国环境得以好转，取得了非常好的成效。英国的可持续发展战略值得我们借鉴。

1. 坚持和实施可持续发展战略

早在 1994 年，英国政府就公布了《可持续发展：英国的战略选择》，为英国的节能环保确立了一个基础性文件。英国政府认为，要保护和改善环境，否则自己和后代的生活都会受到严重影响，因此，可持续发展就是要协调经济发展与保护和改善环境的关系。文件规定，每五年英国政府可持续发展战略就要修订并公布一次，并且每年会发布国家可持续发展战略实施年度报告。在可持续发展的相关政策和法律方面，也会逐年修改和完善。政府设立了专门的可持续发展部门后，通过加强与各种非政府组织和团体的联系和合作，不断为全社会收集和提供在可持续发展战略方面的民意指引、技术指导以及资金支持。在各个地方政府和各区域中也不断修订和改善符合本地区的可持续发展战略，随着时代变化遇到新的环境问题的时候要制定新的可持续发展项目，并推动计划的实施，要做到将地方相关策略与可持续发展战略结合发展。此外，英国还通过社区组织、大众传媒和网络新媒体等形式的合作，加大可持续发展战略的宣传与教育以及岗位的培训力度。让国民形成一种可持续发展的理念和意识，并最终形成从内心发出的自觉的行动。这种大规模社区动员和活动的实施，有效促进了社区环境的改善以及经济的健康发展，同时也激发了公众对可持续发展的关注与满腔热情，有效坚持和促进了可持续发展战略的实施。

2. 关注地方发展，动员社会力量

可持续发展战略是一项世界性的战略和政策，但是可持续发展战略要得以全面实施，其关键还是在于地方的贯彻力度，因此，这就要求高度关注地方的发展。英国是可持续发展战略开展最早的国家之一，英国各个地方政府实事求是地结合地方经济情况和空间发展等，建立了完善的部门机制以及行动规划。此外，英国是一个联合王国，地方政治实体有一定的自治权，地方政治实体在政策制定和实施上有很大的灵活性和自主性，因此英国政府允许地方制定和提出符合当地情况的可持续发展战略，从而使全国各地的可持续发展战略各具特色。如2009年威尔士发布了可持续发展计划书《一个威尔士：一个星球》，自此威尔士开始了绿色转型发展之路。此外，英国社会还有一个重要构成特点即社会力量多元化。英国除了政府组织，还有大量的社区团体、社会组织、商业组织等组织，它们在可持续发展中扮演着重要的角色。英国大力动员这些社会力量参与到可持续发展战略中，一是通过提高奖励水平如提高社区福利、提高服务水平让更多的居民参与环境保护的活动；二是通过支持不同的文化互相融合，促使可持续发展战略与各个行业和各个阶层的社会公共事业相融合。

3. 重视可持续发展教育，体现人文关怀

英国是可持续发展教育开展较早的国家，1998年英国政府设立的可持续发展教育工作组就首次提交了报告，对英国国家课程系列进行了修订，并且明确按照可持续发展教育的要求，把可持续发展教育的含义解释为一种学习过程，其主要目的是维持、改善并提高后代人的生活质量。因为地理这门学科和可持续发展相关度最高，有助于培养和加深学生对可持续发展的了解，英国在课程中高度重视地理这门学科在可持续发展方面对学生的教育作用。2005年联合国教科文组织发布“可持续发展十年国际实施计划”，英国政府便推出了“未来教育战略”并组织建立了一批可持续学校，同时还运用可持续学校自我评估系统来响应这个计划。在苏格兰，政府为了落实该计划还成立了“联合国十年行动计划领导小组”，旨在推进和监管可持续发展教育的工作和实施。随后还出台了题为《为变革而学习》的文件，进一步推进可持续发展教育和学习。

在人文关怀方面，英国在可持续发展战略的制定方面，以人文关怀为切入点，并把最终目标定位为追求人类更美好的生活。例如，在废弃物管理法方面，《家庭生活垃圾再循环法》（2003）、《家庭废弃物管理的注意义务规定》及《速食品废弃物管理条例》（2005）都与人们的生活密切相关。在可持续发展目标指数的设计上，英国在可持续发展的一类指数的设计上大都和英国国民的日常生活息息相关。在社区的可持续发展战略方面，英国将社区交通便利性、社区居住环境、社区安全度等列入可持续发展的内容，体现了对广大民众的根本利益的关怀，提高了广大民众对可持续发展的关注度。

二 德国的可持续发展战略浅析

作为欧洲高度发达的资本主义国家，德国在促进可持续发展和生态文明建设方面都走在世界前列。其成功经验也值得我们借鉴。

1. 强调以人为本，促进人与自然和谐发展的理念

德国政府认为实施可持续发展战略的本质要求是促进经济发展、社会发展和生态环境三个方面的协调发展。德国实施可持续发展战略，就是要在改善经济和社会状况的同时，保护生命自然周期的长期性，只有做到人类社会发展不与资源、环境相冲突，才能实现整个生态系统的循环发展。在生物基因、能源供应和生态环境等涉及人类生存和生态环境的研究领域，历届政府都大力支持这方面的技术创新。德国政府和日本政府一样，认为实施可持续发展不仅是国家政府的责任，更需要各种社会团体和非政府力量的参与。据统计，目前有超过400万德国人加入自然保护协会和保护生态环境的团体。这意味着有更多的德国人在日常生活中融入了保护环境的元素。德国还通过

教育让消费者接受可持续的消费和生活方式，不可持续发展的生产和消费行为将会受到排斥与打击。此外，政府还高度重视地区规划和人口居住环境这两方面的影响，为个人在社会中自由发展提供良好的空间结构，保护城镇环境卫生，加强工业排污管理等。

2. 提高能源利用率

大力开发新的可再生能源。德国政府提出，能源供应体系要在经济和社会可以承受的范围内，提高能源利用效率，确保未来市场份额，为经济可持续发展助力。一方面，为促进再生能源的开发和利用，德国政府决定逐步放弃成熟的核电开发，并以此为契机，通过能源结构调整，大力开发太阳能、生物能、风能等新的再生资源。另一方面，制定了一些鼓励使用新型能源的法律法规，如《可再生能源法》等，大大扩大了可再生能源的使用规模，并提高了其效率。例如，在生产环节政府规定，新设备的能耗一定要比过去低，旧设备也必须进行节能装置改装，要用全新现代化节能装置替代旧的耗能大的待机开关等。

3. 制定严格的法律法规，促进可持续发展战略实施

德国政府意识到，法律的稳定性可以满足实现经济与生态的协调和可持续发展，并可使有关可持续发展的战略方针与基本政策长期稳定实行。可持续发展会涉及不同产业和众多产业部门资源的重新调配，因此，不可避免地会涉及各行各业和个人的基本利益，为了有效防止矛盾，必须依靠法治来加以规范。德国政府为解决这些问题，制定了许多与可持续发展有关的法律，涵盖生态环境、资源能源、经济社会等领域。在20世纪60年代德国就制定了第一部环保法《保护空气清洁法》，之后出台了《循环经济和废物管理法》《垃圾管理法》《环境规划法》《土壤保护法》《水管理法》《自然保护法》《环境责任法》等。德国在生态环保法律的制定与修订方面形成了自己的做法：一是在制定有利于全国可持续发展的文件与法规时做到提前与社会各团体进行交流与沟通；二是增加采用经济手段来提高国民环保意识和参与意识的条款；三是修订垃圾回收利用与土地保护的法律法规，提高垃圾回收利用率，以减少材料的浪费并强化土地保护；四是修订《自然保护法》和

《循环经济法》，加强土地和农业的使用规划与调控，大力促进循环经济的发展，提高工业生产时的循环材料使用率，优化产业结构；五是加强环保法规的实施管理。

三　瑞士可持续发展的现实启示

瑞士是一个以干净著称、位于欧洲中南部的多山内陆国家，面积41284平方公里，截至2018年6月，瑞士全国总人口850.89万人。其面积还不及浙江省的一半，而且国内市场也比较小，自然资源比较缺乏，但确是全球可持续发展的成功案例。瑞士的可持续发展及环境保护主要包括以下三个方面。

第一，瑞士是重视资源回收的国度。瑞士有一套自己的垃圾处理管理模式，强调垃圾处理要从末端处理转向源头治理，其倒金字塔形治理方式有助于城市垃圾处理和环境的协调发展。瑞士把垃圾分类后，不同种类的垃圾回收率都极高，其中70%的纸类会被回收利用；60%的电池会被收回，废玻璃的回收率更是达到了90%的惊人世界纪录；塑胶瓶和罐状包装也都被回收利用，回收率都超过了70%。每名瑞士居民每年收集的可回收利用材料平均为350公斤。

与城市垃圾处理有关的法律法规及政策主要包括联邦环保法、垃圾处理技术政策、饮料包装条例、电子产品回收及处置条例等。

第二，瑞士有着可持续的森林管理制度。瑞士的联邦政府对森林的管理和监督有着最高的权力。1876年，瑞士公布了第一部《森林法》，其明确规定了森林的面积是不能减少的，砍伐了多少森林面积就要建造相同面积的森林进行补偿。也正因此，瑞士的森林面积140多年来从未减少过，能做到这一点非常难得，也足见森林法对环境保护的重要性。瑞士政府通过立法确保了瑞士的森林覆盖面积达到国土总面积的30%，而且这一百分比还在不断提高。树木不仅可以涵养水土，还可以降低大气中的二氧化碳含量，此外还可以吸引大量的游客以促进旅游业的发展。据统计，依靠林业兴起的旅游业，年均收入已经超过了20亿美元。作为森林之国，瑞士政府通过立法，严格确保森林面积不会减少，尤其在人口密集区和迅速发展的地区。只有在特殊情况下才会授权对林地进行清理，而且砍伐的树木必须有新种植的树木来替代。通过对森林的管理，冬季森林可以保护山谷免受雪崩的威胁，夏季各种针叶林为大量动物提供了理想的自然栖息地。森林不仅为瑞士民众和游客提供了健康的环境和安静的休闲场所，而且森林还能以生态形式储存温室气体二氧化碳，从而减轻温室气体的危害等。

第三，瑞士实行可持续的综合河流治理。20 世纪 90 年代以来，瑞士就实行一套现在看来仍旧非常实用的新的综合河流治理政策，主要内容有为河流预留出更多的河床空间、遇到洪水时以滞洪的方法代替泄洪的方法、采用多种灵活手段确保生态系统的稳定，同时全面抵御洪水以及密切关注天气的变化。20 多年来，其在河流环境改善方面的成绩有目共睹，有非常多值得我们学习借鉴的好思想、好理念、好技术。一是建立起风险分析制度。风险分析在一定程度上可以预防灾害的扩大。瑞士政府建立起水文、水利以及河流主要风险因素的理论体系，对存在的危害与矛盾可以通过对洪水情况的论证、数据体系的建立、灾害信息图的制定等手段加以沟通和解决。各类风险的实际情况应定期进行修改。二是对河流实行差异化保护。差异化对待的含义就是不同保护对象要采取不同的保护措施，对于高价值的受保护对象要采取更高级别、更全面的保护措施。对于价值较低的保护对象，保护措施可以相对简单，成本也更低。三是维护和保障河流，确保河道的过流能力。河道的维护这是一个长期的任务，因此保证防洪措施正常运行以及河道河床拥有良好的流动能力就非常重要。一方面规定了从沟渠到一般河流，再到大河的从小到大的河道空间，河道附近不能有别的建筑物，要留出合理的预防宽度。另一方面，在防洪体系建造中要考虑河道的预留空间等。

瑞士的经验对我国促进生态文明建设，对美丽浙江建设有一定的启示，总结起来有以下两点。（1）重视科技的作用。环保是一个专业性很强的议题，因此需要提升普通群众的环保意识，而要让大众树立生态理念，权威的科学研究和有目的、有计划的科普传播显得尤为重要。瑞士的雪山和冰川是非常多的，因此瑞士政府大力支持气候变化对冰川的影响这方面的研究。而对于雪山变成湖泊的研究，在未来瑞士国家基金也会启动相关的研究。瑞士对于新能源领域的研究也比其他国家多很多，例如，瑞士联邦理工学院的相关研究中，就有一个课题主要研究如何有效经济地储存新能源，由于这个课题使用的原料基本是水，因此这种研究的消耗成本非常低，有着良好的研究前景，目前也取得了重大进展。另外一个课题是研究如何让城市生活变得更加绿色，即希望减少城市碳排放并将排放出的二氧化碳转化为清洁能源，具体来说就是让二氧化碳转化为甲醇，更新陈旧的废污水处理方式。瑞士政府发展生态文明以高科技创新让新能源、新材料等绿色技术的创新发展启示着我们，发展生态文明，建设美丽浙江，也要以科技为先导，高度重视科技的力量，加大绿色生态科学技术的创新发展力度，要以科学技术带动环保产业的发展。（2）重视生态农业的作用。要了解生态农业的作用，需要了解“大农业”的含义。所谓大农业涵盖我们日常生活中的大自然、大环境，以及地理上的农林畜牧渔的范围。我们的生活离不开大农业，因此必须打造一个积极健康的生态环境，打造生态型农业。绿色的农业生产方式可以带来可持续的发展，但生态农业的打造是有一定的开支的。为此，政府提供给农民更多的优惠政策与补贴，以促进农业生产变得更加生态环保、更加绿色。瑞士政府在给予农民高额补贴的同时，也在帮助农民不断寻找生态与经济、质量与效率的平衡点。瑞士政府还大力开展针对提高农民知识技能的再培训工作，提倡农民在平时作业过程中少使用化肥，而使用天然肥料，在饲养牲畜的时候要使用天然无害饲料，少用非自然的饲料。

四　日本的可持续发展战略浅析

日本是一个高度发达的资本主义国家，其经济总量达到了世界第三的水平。日本的制造业高度发达，汽车制造、数码产品、科研技术等都排在世界前列。其优良的国民素质、先进的环保技术和制度，以及对资源利用的重视程度都值得我们借鉴学习。尤其是日本在能源利用、环境保护与治理等方面的经验和教训，为我国的可持续发展战略工作和建设美丽浙江提供有益的启示与帮助。

1. 可持续发展的能源政策

日本是一个国土面积不大的岛国，能源极度匮乏。在依赖外国进口资源的同时，在国内出台了一系列新能源和可再生能源的政策措施。一是对全国太阳能系统产业的发展计划和前景进行评估和指导，并对该计划进行政策支持和技术指导。二是普通家庭太阳能发电系统安装提供每千瓦 7 万日元的政府补贴。这个政策实施后，许多家庭安装使用了太阳能电池板。从 2010 年开始，电力公司对太阳能发电的家庭剩余电力进行收购，由电力公司收购多余的电量，对安装太阳能电池板的普通家庭也是一种实际上的补贴。2011 年 8 月 26 日，日本参议院通过了“可再生能源特别措施法案”，规定电力公司有义务购买个人和企业利用太阳能等发电产生的电力。该法案的实施促进了新能源技术的革新，减少了对核电的依赖，搞活了地方经济，同时也减少了二氧化碳气体的排放等。

2. 可持续发展的环境政策

日本可持续发展的环境政策主要体现在以下三个层面。

一是拥有一部环境基本法。20 世纪 90 年代日本环境法发展的一个里程碑是 1993 年日本颁布了《环境基本法》。该法案提出了经济、发展、环境三者不是孤立的而是相统一的理念。日本《环境基本法》主要包括两部分内容，即保护地球的环境和降低环境的风险。其目标包括三个：要享受和继承良好的环境给人类带来的恩泽；要减少环境的污染与破坏，要构建一个环境负担相对较小的生态的社会；要加强国家与国家之间的合作与交流，通过国家之间的合作推进全世界范围内的环境保护。这些法案都对促进日本的环境保护起到了重要作用。

二是拥有一套循环型社会法律体系。众所周知，在城市废弃物回收和处理方面，日本的垃圾回收利用在全世界都处于领先地位，这得益于完善的循环型社会法律体系。日本循环型社会法律体系的要旨就是减量、回收、再利用，主张按照减少废弃物、再利用、再循环的顺序来削减废弃物的产生。日本循环型社会能够顺利发展，与循环型社会法律体系的构建、以 3R［Reduce（减量化）、Reuse（再使用）、Recycle（再生利用）］为中心的社会活动的普及、环境意识的培养密切相关。

三是拥有较好的环境影响评价制度。为防范经济开发活动超过自然本身的复原能力，避免对环境造成无法复原的破坏，需要对国民行为作事前的预测和评价，使项目开发和计划尽可能与环境协调，日本推出了环境影响评价环评制度。在环评制度中，要求环评报告书中应有环保代替方案以供参考借鉴，环评过程中要公开有关实施方案且都要听取居民、专家和地方政府的意见，环评结论中要明确相关标准及环保措施，并要求尽可能避免和限制对环境造成的负面影响。从这些多方面的措施就可以看出严谨的日本人对环境问题的高度关注和严格要求。

3. 影响可持续发展的公害治理

20 世纪六七十年代，日本经济快速发展，并步入发达国家的行列。这一阶段虽然日本经济高速发展，国民经济高度发达，但又因为高速发展而引起了各项社会、环境矛盾，是一个快乐又痛苦的时代。其中最引人关注的自然就是几乎遍布日本各地的环境公害问题。对“公害”的含义，日本政府 1967 年颁布的《公害对策基本法》作了明确界定：公害是指“伴随着工业及人类其他活动在相当范围内产生的大气污染、水质污染、土壤污染、噪声、振动、地面沉降及恶臭所引起的与人体健康或者生活环境有关的危害”。

公害问题已经严重影响了日本人的日常生活和经济发展，为了解决严重的公害问题，日本政府采取了一系列措施，总结日本治理公害做法，有三点经验值得我们借鉴学习。（1）建立健全治理公害的法律体系。1967 年日本制定了《公害对策基本法》，这是日本政府在公害治理方面的最基本、最重要的法律，此后日本还根据公害的不同类型，分别制定了各项法律，这样就既从法制上加强了企业对公害治理的危机性和重要性的了解，又有效促进了企业提升技术革新、提高生产率、减少了排放等，从而形成了一种良性循环的工作机制。（2）建立了高效率且负责任的公害治理体系。政府通过环境审议会与社会各界人士、企业协商制定政策，由企业具体实施并进行自我管理，由公众积极参与并进行社会监督。地方政府也起到了带头作用，具体行使了政府的环境管理职能。（3）注重制度设计与国民教育的联系与结合。日本政府通过立法、行政管制等手段，让国民意识到公害的严重性，并积极参与公害的治理。日本还通过全方位、多层次的环境教育来促使公众正确理解人与环境的相互关系，尽力帮助国民树立正确的环境价值观、人生观、世界观，并通过体制内和体制外的措施，诸如非政府组织和社会团体一类的渠道，让国民积极、自觉地参加环境保护。

第三节 其他省份生态建设的经验比较

生态文明建设是关系中华民族永续发展的根本大计。党的十七大第一次提出“建设生态文明”，党的十八大把生态文明建设纳入社会主义现代化建设总体布局，全国各地高度重视生态文明建设，取得了非常好的成绩。本节选择北京、上海、江苏和福建四省市生态文明建设进行分析，试图吸取其先进的经验，为浙江生态文明建设提供借鉴。

一 北京生态文明建设的经验

改革开放以来，北京不断探索生态文明的建设，取得了重大的成效。北京不仅建设生态文明的成果在全国前列，而且在生态文明建设政策制定上也非常全面，以下主要分析北京生态文明制度建设的主要思路与对策，进而为建设美丽浙江提供经验与借鉴。

1. 发挥政府的支持推动作用，科学规划、制度先行

北京市政府的城市发展规划、相关规章制度及财政投入等会直接影响到生态文明建设的方向和程度。近年来，北京为建设生态文明先后制定了一系列规划，如环境保护和生态方面的《北京市“十三五”时期环境保护和生态建设规划》、建筑方面的《建筑节能与绿色建筑发展“十三五”规划》、能源方面的《能源发展“十三五”规划》、水生态方面的《北京市“十三五”时期水生态环境保护规划》、绿地方面的《北京市绿地系统规划》等多项生态建设与环境保护规划。这些都是北京生态文明建设的重要支撑。

2. 大力优化环境，提高生态效率

在产业体系转型方面，北京已从以工业为主导转变为以服务业为主导的

新型现代产业体系，能耗也得到大幅下降，生态效率大大提高。据《2016年生态文明建设年度评价结果公报》，北京的绿色发展指数全国最高，达到了83.73，生态文明发展指数提高到0.759。此外，北京环境建设排在第一的还有生活垃圾处理率、城市建成区绿化覆盖率，分别为99.12%和51.92%。其主要通过对发展模式的深度调整，最终实现了经济发展、资源节约与环境友好三赢。

除大力优化环境外，北京还不断提升绿化率。从开展义务植树前的1980年到2013年底，北京全市森林覆盖率由12.83%提高到40%，林木绿化率由16.6%提高到57.4%，城市绿化覆盖率由20.08%提高到46.8%，人均公共绿地面积由5.14平方米提高到15.7平方米。截至2018年底，北京森林覆盖率已达到43.5%，平原地区森林覆盖率达到28.5%，城市绿化覆盖率达到48.44%，人均公共绿地面积达到16.3平方米。通过大力提高绿化率，北京的绿色屏障逐渐形成，对防风治沙效果显著。2008年至2017年，北京年均沙尘日数达4.3天，其中沙尘暴日数为0.1天。

最后，在与人们生活息息相关的水的利用上，北京还优化水资源和水环境，积极推动节约用水，加强污水处理，并出台了一系列标准政策，如《北京市节约用水办法》（2012）、《北京市加快污水处理和再生水利用设施建设三年行动方案》（2013）、《北京市污水排放标准》（2014）。2005年至2010年，北京再生水利用率累计就提升了30个百分点，2014年到了61%。2017年底，北京污水处理率达到92%，再生水利用量达到10.5亿立方米。2018年，污水处理率达到93%，再生水利用量达到10.7亿立方米。北京还在国内带头建立最先进的地下水管理信息系统，在全市范围内展开地下水污染状况调查，实行严厉的水资源管理政策，等等。

3. 重视生活垃圾回收分类，提高垃圾资源化水平

北京提出，调整产业结构，减少垃圾总量，实现垃圾资源化的目标，逐渐加强对垃圾的资源化处理。为此，公布了《北京市生活垃圾处理设施建设三年实施方案（2013—2015）》，这个方案规定了建设生活垃圾、餐厨垃圾、垃圾渗沥液处理设施，建筑垃圾资源化处理设施以及垃圾渣土脏乱点治理处理设施以及建筑垃圾处理设施。截至2016年底，建成4座生活垃圾焚

烧厂，新增7600吨/日的处理能力，焚烧能力由2200吨/日增加到9800吨/日，增长了近4倍；改扩建生化处理厂3座，新增生化处理能力1750吨/日，生化处理能力由3650吨/日增加到5400吨/日，提升了近50%；采用焚烧生化等资源化方式处理生活垃圾的比例由30%提高到了60%。2017年2月15日，北京市城市管理委员会起草了《北京市进一步推进生活垃圾分类实施意见》，规定了强制实现垃圾分类的目标；5月下旬，又细化并制定了《北京市垃圾分类治理行动计划（2017—2020）》。这两份文件更加明确了北京市垃圾分类治理制度以及资源化的工作行动重点路线与计划，健全了垃圾资源再回收渠道，规范了垃圾资源化处理办法，明确了分类工作的具体保障措施。从提供服务、方便居民入手，通过政府引导、知识宣传、智能化管理等多种手段，培养市民垃圾分类的意识和习惯，北京正稳步推进垃圾分类。

二 上海生态文明建设的经验

上海作为我国的一线城市，在谋划绿色发展的新格局、持续加强生态环境保护以及开发绿色低碳能源方面都取得了重大成效，值得浙江借鉴。

1. 谋划绿色发展新格局，贯彻落实环保行动计划

上海地处长江出海口，是中国的经济中心城市和长江经济带的“龙头”，与此同时，其生态绿色发展也取得了巨大成效，为周边省份提供了范例。到目前为止，上海已经实行了六轮“环保三年行动计划”，第七轮将于2020年到期。近年来，上海通过持续的产业结构优化升级和转型，改善了生态环境。围绕“创新驱动发展、经济转型升级”大局，依托环保协调推进机制和环保三年行动计划、清洁空气行动计划、污染减排等工作平台，以大气、水污染治理为重点，系统推进环境保护和生态建设，取得了明显成效。城市污染治理和生态保护水平逐年上升，环境质量总体呈持续改善趋势。据上海市政府工作报告，2018年全面实施了第七轮环保三年行动计划，启动了新一轮清洁空气行动计划，空气质量优良率达到81.1%，同比提高5.8个百分点。深入推进水污染防治行动计划，建立健全河长制、湖长制，

全面启动苏州河环境综合整治四期工程，开工建设吴淞江工程上海段，完成698个住宅小区的雨污混接改造，劣V类水体占比从38.7%下降到18.0%。大力推进生活垃圾全程分类，建成再生资源回收点3374个，开工建设15个垃圾资源化利用设施。全面启动第二轮金山地区环境综合整治。制定实施土地资源高质量利用的若干意见，低效建设用地减量15.2平方公里。推进生态廊道建设，新建林地7.6万亩、绿地1307公顷、城市绿道224公里、立体绿化40万平方米，建成松南郊野公园。继续推进崇明世界级生态岛建设，成功申办第十届中国花卉博览会。

2. 开发利用绿色低碳能源，持续推进资源节约利用

2017年1月，上海市政府发布了《上海市城市总体规划（2017—2035年）》。该规划指出，上海进一步全面推动绿色低碳发展，更加严格地优化能源结构，同时，降低产业和建筑能耗，全面降低碳排放并提倡多用绿色交通出行。此前，上海已鼓励大力开发利用绿色能源。以崇明区为例，崇明区大力打造可再生能源装置，可再生能源装置装机容量近30万千瓦，计划2020年提升到50万千瓦以上，此后还将大力推进建设大型光伏电站和自然风力电场等。此外，在推广新能源汽车方面，崇明区与上海国际汽车城大力合作，引入电动汽车EVCARD分时租赁系统，真正做到了“随意取还、全程自助”。在大型商业圈、住宅区、交通枢纽、旅游景区和学校周边用车量大的地方建成了近百个共享汽车租赁网点。崇明区在供水方面进行集约化处理，关闭了多余的中小水产进行资源整合。推进秸秆总量的综合改造，在建立了试点秸秆储运机构后，水稻秸秆收集率高达近20%。推进畜禽场的综合整治，加强对农村地区还存在的不规范畜禽养殖的整治任务，关闭并且退养不规范的生猪养殖户。对电池等有害废弃物实行有偿回收制度，实行垃圾的干湿分类，基本建成日处理量超过500吨的崇明固体废弃物处置综合利用中心，有力地推进了资源节约利用。

3. 抵制环境污染的老路，持续加强生态环境保护

首先，在大气污染防治方面，为持续提高本市空气质量，降低大气PM2.5浓度，遏制O_3污染态势，保障人民群众身体健康，上海推行了《清

洁空气行动计划（2018—2022年）》。上海闵行区以《闵行区清洁空气行动计划（2018—2022年）》为龙头，积极做好清洁能源替代工作，加强对区内剩余燃煤锅炉达标排放的监管，按照排放标准进行检查，推进上海焦化集中供热改造的工程；对餐饮行业的油烟污染进行管控，加大监督大型和中型餐饮服务场所优化生产装置，完成高效油烟净化装置的安装；防止扬尘的综合治理，强制性关闭无证码头和搅拌站。杨浦区以城管执法局带队，对道路施工引起的尘土污染等行为进行了查处，对运输途中车容不洁净、未进行篷布覆盖的运输车、未经允许在工地道路上堆放建筑垃圾和材料等不正确的行为，展开了清查行动，包括全面宣传教育和定期通报、加强重点巡查执法和提升管理水平、加大处罚力度并形成常态检查等。这一系列行动有效促进了空气的清洁并保护了环境。

其次，在水环境污染防治方面，早在2015年，上海市政府就印发了《上海市水污染防治行动计划实施方案》，涉及水源地环境建设、提升水环境基础设施建设、加强产业结构和布局优化调整、农业和农村方面的水污染整治以及地下水污染防治等方面，重点包括保障饮用水源安全、加快污水厂网建设、整治农业和农村污染、严控工业污染、深化生态环境综合整治、加强水生态系统保护等六个方面。经过多年治理，成效显著。以河道综合整治为例，2018年全市共完成408公里河道整治、18万户农村生活污水处理设施改造、698个住宅小区雨污混接改造以及1.2万余处其他雨污混接点改造，打通550条断头河，拆除1413万平方米沿河违建，退养376家不规范畜禽养殖场。“苏四期”全面开工，苏州河855平方公里整治范围内，完成支流整治161公里，打通断头河51条，劣V类水体占比从2017年的68%下降至20.6%（2019年2月水质监测，为16.3%）。虹桥污水处理厂基本建成通水，19座市政泵站完成改造，推进天山、龙华等6座污水处理厂初期雨水调蓄和竹园污水处理厂四期工程前期工作。2019年推进了首批79个河长制标准化街镇建设，培养了一批“河长助理”，推广“河道警长”与“生态检察官”等先进经验。青浦区还将水环境质量改善纳入干部绩效考核的范围，并创新和建立了河道监测系统、评估和考核体系，实现了水环境污染防治的可持续发展。

最后，在土壤污染防治方面，2016年，上海市政府印发了《上海市土壤污染防治行动计划实施方案》，在摸清土壤防治情况和严控土壤污染、展开污染场地管治修复、加大科技创新力度、健全土壤污染防治法规法治体系、创新土壤环境治理体系、落实责任考核方面都进行了详细的规划和布置，对于上海市土壤环境质量的改善、农产品质量和群众居住环境的安全保障起了重要作用。以桃浦工业区场地治理为例，上海探索出不搞“大开挖、大治理”的特大型城市土壤污染治理“桃浦样板”。上海桃浦工业区地处上海中心城区的西北侧，从20世纪50年代开始聚集大量的工业生产企业，涉及化工、医药、印染、电镀、农药、危化仓储等重化污染行业，在20世纪80年代成为上海的重污染地区。自2013年起，桃浦地区被列入上海市重点区域整体转型发展地区，规划建设“桃浦科技智慧城”以实现脱胎换骨的转型升级，规划面积约为7.92平方公里。相关部门综合考虑土壤和地下水污染风险、规划用地功能、区域环境条件及地块开发进程等因素，论证确定了“风险管控，分类施策”的治理修复策略。

三　江苏生态文明建设的经验

江苏有着独特的省情，人口密度全国最大，人均环境容量全国最小，单位国土面积工业污染负荷全国最高，资源环境的匮乏和脆弱，严重制约着江苏的发展，因此生态文明建设对于江苏来说是十分紧迫的。在这种情况下，江苏开始高度重视环境保护和生态建设，以节能减排为关键点，加大治污降耗力度，完成了节能减排约束性指标，逐步实现了从“环保优先”，到“让生态文明成为江苏的重要品牌”，再到“更大力度建设生态文明”的不断跃升。江苏在大力推进生态文明建设工程上取得了积极成效，有很多值得美丽浙江建设借鉴的地方，现可以总结出以下三点经验。

1. 确立与坚持环保优先的方针

江苏为了建设生态文明，把环境保护作为头等大事。早在2004年，江苏就公布了《江苏省长江水污染防治条例》，提出优先保护生态环境的原则，遵守在开发的过程中保护、在保护的过程中开发的思想，并在2010年再次修改完善了该条例。2006 年，江苏又出台了《关于坚持环保优先促进科学发展的意见》，强调不能单独搞经济建设，而是同时还要坚持生态建设，要经济建设和生态建设齐头并进，并提出了环境竞争力、环境效益，以及生态文明建设的各项要求与考核标准。2007 年，太湖发生了全国关注的蓝藻污染事件，这个事件表明再不转向绿色的生产方式，将会产生严重的环境恶果。这促使江苏省委、省政府加快推进生态立省的战略举措，全面贯彻环保优先的政策。2016 年，江苏省委、省政府印发了关于《江苏省生态环境保护工作责任规定》的通知，规定了各个政府部门的环境保护的具体责任以及奖惩制度，真正做到了落实生态问责制度。江苏一系列环保优先规定的提出，把生态和环境建设放在经济社会发展的首要地位，体现了江苏认真贯彻落实生态文明和美丽中国建设的决策部署，也推动了省内经济发展和社会和谐。

2. 坚持并完善顶层设计

江苏坚持环保制度建设是重中之重，并构建了一套完善的生态文明建设推进体系。首先是加强环保立法，加强对违法行为的约束。江苏先后颁布实施和修订长江、太湖、通榆河水污染防治条例，辐射、固废、噪声污染防治条例和加强饮用水源地保护的决定等多部环保地方法规。其次是政策的带领作用，注重规划的先行作用。江苏着力完善顶层设计，率先在全国制定和出台了《江苏省生态文明建设规划》和《江苏省生态红线区域保护规划》等政策，大力完善了顶层设计，弥补了江苏在生态文明建设规划方面的不足。出台市县领导干部环保工作实绩考核办法和环境污染行政责任追究办法，将环境指标作为考核的核心指标之一。将环境保护规划上升到与主体功能区规划、城乡规划、土地利用规划同等重要的地位，充分发挥规划的基础性、引领性作用。同时，全省所有市县完成了生态市县的建设规划，在经济较为发达的苏南地区生态文明建设先行规划率先实现了全覆盖。

3. 深入开展生态文明建设工作

2018 年以来，江苏省委、省政府专门设立打好污染防治攻坚战指挥部，确立“1 +3 +7”攻坚战体系并出台了一系列重要文件，江苏省人大常委会通过了《关于聚焦突出环境问题依法推动打好污染防治攻坚战的决议》，形成了经验，取得了成效。从经验来看，一是严格环境监管执法。江苏全省生态环境系统累计立案查处环境违法案件6.1万件、罚款金额46.7亿元；公安机关立案侦办环境污染犯罪案件1689件、抓获犯罪嫌疑人4126人。2018年中央环保督察“回头看”反馈意见指出，“江苏省督察整改工作达到预期目标，取得了显著进展和成效”。二是强化制度改革。生态保护红线划定、排污权有偿使用和交易、水环境“双向”补偿、环保信用评价、生态环境损害赔偿、环保“垂改”等一批制度改革在全国先行先试且不断深化，江苏被生态环境部确定为全国唯一的生态环保制度综合改革试点省。三是强化社会共治。出台环保公众参与办法，成立环保公共关系协调研究中心，建立环保社会组织联盟，推进环保设施向公众开放。累计建成国家生态市县63个、国家生态工业园区21个，数量均为全国第一；建成国家生态文明建设示范市县9个，数量位居全国前列。自一系列措施实施以来，取得了良好的成效。一是环境质量提高快。在江苏全省GDP增长71.5%、常住人口城镇化率提高6.6个百分点的情况下，PM2.5平均浓度较2013年下降34.2%，空气质量优良天数比例提高7.7个百分点；104个国考断面优Ⅲ比例较2014年提高6.8个百分点，劣Ⅴ比例下降2.8个百分点，太湖治理连续11年实现“两个确保”。二是污染治理力度大。组织实施2万多项重点治污工程，江苏全省超低排放机组达7260万千瓦、超低排放钢铁产能超过2000万吨，城镇污水处理能力超过1700万立方米/日、生活垃圾无害化处理能力达到7.3万吨/日，建制镇污水处理设施覆盖率达到95%，危险废物安全处置能力超过160万吨/年。总之，江苏不断推动习近平生态文明思想落地生根、开花结果，为高质量发展增添更多绿色，让天更蓝、地更绿、水更清、环境更优美、人民生活更幸福。

四 福建生态文明建设的经验

近年来，福建高度重视生态文明建设，把生态文明作为坚持可持续发展战略的主要措施之一，尤其是在推动国家生态文明试验区建设方面，取得了引人注目的成就，也为建设美丽福建奠定了坚实基础。福建生态文明建设的成功为建设美丽浙江提供有用经验。

1. 坚持可持续发展理念，处理好经济发展与生态、社会之间的关系

处理好保护环境与发展经济之间的关系，从总体和长远角度看待这个问题，实现二者的协调发展。西方老牌发达国家先污染后治理和边污染边治理的老路被证明是错误的，福建坚持经济发展与生态保护齐头并进、同步实施、共同规划的理念并付诸实践，以取得经济发展与环境保护的最好效果。处理好资源的开发与生态保护之间的关系，发展要实现规范有序。在开发资源的时候要坚持可持续利用的原则，以生态保护为最终目标，这样才能统筹兼顾、统一规划开发与保护两个方面，实现规范有序的发展与保护。处理好严控源头与加强综治之间的关系，实现科学健康的发展。在预防的环节上，秉持严把科学决策关、环保准入关、工程实施关、绩效考核关等。在治理的时候，对遭到破坏和被污染的环境一经发现要及时严肃处理，让环境及时恢复正常而不受二次破坏，这样才能实现科学的健康的发展。处理好眼前发展和未来规划之间的关系。在制定近期目标的时候，还应考虑到与长远目标相结合。在实施近期目标的时候，以人民群众的根本利益为出发点与落脚点，解决好人民群众最根本的问题。在实施长远目标规划的过程中，处理好数量与质量之间的关系，考虑到未来子孙后代的根本利益，造福子孙后代而不是破坏他们的利益，做到远近规划的协调可持续发展。

2. 打造又好又快的发展模式，以多种措施推动生态经济建设

一是构建国土空间开发保护制度。组织开展空间规划试点等改革，出台省级自然资源统一确权登记办法，以解决自然资源交叉重叠、权属界限不清和权利归属不明等问题。优化国土空间格局，完善空间管控制度，统筹划定永久基本农田、生态保护红线和城市开发边界，加快既守住底线又促进发展的“一张蓝图”，生态空间得到系统保护，保障生态文明和绿色发展任务落到实处。

二是构建环境治理综合监管体系。深入开展流域治理机制、农村环境治

理机制、环境资源司法保护机制等改革，构建“六全”“四有”治河管河新机制；建立生态环境资源保护行政执法与刑事司法“两法”衔接工作机制，创新性推出修复性生态司法，生态司法保护走在全国前列；推行环境监管网格化管理，建设全国首个省级生态云平台；建立了环境治理互联互通、高效运转的协作监管机制，推动全省改革同向同步、同频共振。

三是构建市场化激励约束体系。深入开展环境治理和生态保护市场主体培育、绿色金融体系以及环境权益交易制度等改革，全省所有工业排污企业全面推行排污权交易，二级市场活跃度居全国首位；建立了碳排放权、用能权交易市场；实施生态环保投资工程包，大力推行污染第三方治理，将“福林贷”等林业金融创新经验推向全国，有力增强生态保护建设的市场活力。

四是构建多元化、市场化生态补偿制度。深入开展流域生态保护补偿、汀江—韩江跨省流域生态补偿、综合性生态保护补偿和森林生态保护补偿机制等改革，近三年累计安排森林生态效益补偿资金 28.5 亿元、流域生态补偿资金 35 亿元、重点生态功能区财力支持资金 51.8 亿元，加快探索政府主导、企业和社会各界参与的生态产品价值实现路径，有力增强绿水青山守护者的获得感。

五是构建污染防治共治体系。坚持全民共治，打好污染防治攻坚战，深入开展百姓身边环境治理专项行动。全面推行“河湖长制”，建立区域流域结合，省、市、县、乡、村五级穿透的组织体系。深入开展闽江流域山水林田湖草生态保护修复试点建设，创新全省小流域综合治理模式，基本消除全省劣Ⅴ类水体。全面建设生活垃圾转运系统，全省 90% 的乡镇建成污水处理设施，基本实现所有行政村建立生活垃圾治理常态化机制，以实实在在的改革红利为民造福。

六是构建绿色发展绩效评价体系。深入开展自然资源资产负债表编制等改革，率先在全省实施生态环境“党政同责、一岗双责”制度，探索建立经常性领导干部自然资源资产离任审计制度，在武夷山、厦门试点生态系统价值核算，强化资源环境约束性指标考核，建立了以“一办法、两体系”（目标评价考核办法，绿色发展指标体系、生态文明建设目标考核体系）为基础的绿色目标评价考核体系，使“既要金山银山又要绿水青山”成为政绩的重要考核指标。

通过上述措施，福建省在实现生态环境“高颜值”和经济发展“高素质”的道路上迈出了坚实步伐。2018 年森林覆盖率为 66.8%，连续 40 年保持全国第一，全省 12 条主要河流Ⅰ~Ⅲ类水质比例为 95.8%、9 市 1 区空气优良天数比例为 97.6%，分别比全国平均水平高 24.8 个和 16 个百分点；PM2.5 浓度比全国平均水平低 1/3，生态美成为福建发展的永续优势。与此同时，经济再上新台阶，新旧动能加快转换，万元 GDP 能耗、万元 GDP 用水量持续下降，清洁能源装机比重提高到 55.5%。2018 年全省生产总值 3.58 万亿元，因此增长 8.3%，新一代信息技术、节能环保、石墨烯、稀土等新兴产业势头良好，高技术产业增加值增长 13.9%，服务业对经济增长贡献率超过第二产业，发展质量和效益不断提升。

3. 积极探索生态文明建设新道路，不断坚持机制创新

第一，对决策管理和责任机制进行改进创新。成立由省委书记任组长、省长任常务副组长的建设领导小组，省委、省政府主要领导亲自抓统筹、抓研究、抓落实，推动试验区改革任务落地落细。各级各有关部门建立生态文明建设推进机制，明确专职机构，全省上下建立纵向到底、横向到边、上下联动的工作推进格局。压实改革责任，将《国家生态文明试验区（福建）实施方案》部署的 6 个方面、38 项改革成果分解到 2016 年、2017 年、2018 年三年，落实到具体责任单位，建立“三年三步走、年年出成果”的时间表、路线图和任务书。突出地方首创，积极支持各地和基层单位探索创新，在试点试验和一线实践中不断破解难题、完善制度，形成莆田木兰溪流域治理、厦门生活垃圾分类、长汀水土流失治理、连江生态产品市场化改革、永春全域生态综合体、将乐常口生态小康之路等一批地方改革创新的典型。以厦门为例，该市在市、区两级均成立以最高行政领导担任主任的生态文明建设委员会，负责管理和协调各部门开展和推进生态文明工作；市里的人大代表和政协委员均有权对环保工作进行提案和议案，保障能收集到更多的意见和监督；在加强环境宣传教育方面，设立市长专线、公众举报电话、每月局长接待日等制度，让市民对于生态文明建设方面拥有更多的知情权、参与权和监督权。

第二，在资金使用和投入方面进行创新。在社会经费方面政府通过充分运用财政补贴补助，收取一定的污染治理费。在经费计划与使用安排等方面，鼓励更多的资金处理方式进入生态文明建设的范畴，进一步完善包括政府、企业、社会共同形成的多元化、全方位的投资融资机制。在政府经费方面，规定将生态文明建设资金投入作为公共财政支出的重点，同时为了防止资金腐败和流出，要求给予保证和处罚措施；环保部门和财政部门要安排专项资金、鼓励企业投入生态文明建设的系列设施建设中。

第三，创新考核与激励机制。坚持督查推进和正向激励相结合，建立“一季一督查”机制，实行台账管理，近三年来，累计督查 36 个县（市、区）、77 个单位，有效促进改革任务的落实落地。同时，健全正向激励机制，在年度绩效考核中专门设立试验区改革创新加分项；在安排省级生态环保相关专项资金、实施生态保护财力转移支付等制度时，对改革推进有力、生态环境治理力度大的给予倾斜支持。以厦门为例，厦门市政府先后实施《厦门市主要污染物总量减排工作考核和奖励办法》和《厦门市主要污染物排污权指标核定管理办法》等，建立了主要污染物减排责任制，将生态文明建设逐步纳入法制化的轨道以及建立了一套干部考核体系。在建立激励机制方面，在农村实行设立更多的奖励方式促使治理的推进、保护农村生态，在生猪养殖方面实现生态型零排放；在海域保护方面实行水产养殖推出优惠办法、同时实施污水处理零排放标准和工业固废等污染物进行削减的奖励政策；在企业推行清洁生产审计工作和设立专项补助资金。通过这些机制创新，厦门生态文明建设取得巨大成效。在建设美丽浙江的进程中，我们应认真学习和吸收福建坚持机制创新、积极探索生态文明建设新路的成功经验。

第九章

打造美丽中国建设的浙江范本

面对国内能源资源日趋匮乏、环境污染问题越来越突出、生态系统破坏严重的形势，我国经济的高速发展越来越受到环境质量恶化的掣肘和约束。特别是在当前国际社会中，保护人类赖以生存的地球家园成为关键议题，环境问题和气候问题也成为衡量大国竞争力和影响大国之间关系的重要内容。面对这样的国内形势和国际环境，党的十八大报告首次提出“美丽中国”一词，并描绘了一幅美丽中国的未来图景，强调要把生态文明建设作为国家发展规划中的一项重点关注的内容和工作，将其融入国家政治、经济、文化、社会发展的方方面面。“建设生态文明，是关系人民福祉、关乎民族未来的长远大计。”这就需要我们在全国范围内树立尊重自然、顺应自然和保护自然的生态理念，为建设美丽中国而不懈努力。

人与自然同处于地球这个生命载体，本就意味着人与自然是一个生命共同体。为此，人们越来越清醒地意识到可持续发展才是人类文明的长青之基。在党的十九大报告中，习近平总书记强调要“加快生态文明体制改革，建设美丽中国”。建设“美丽中国”其实是对“五位一体”的深刻概括，建设“美丽中国”的衡量指标，除了生态美丽之外，还包括经济、政治、文化以及社会建设等方面的指标。建设“美丽中国”，不仅需要广泛宣传，增强意识，更需要推进地方示范区和示范点的建设。浙江省在践行“美丽中国”总目标方面取得了较好的建设成效，根据四川大学“美丽中国”评价课题组发布的一项研究报告，在全国31个省区“美丽中国”综合建设排名中浙江省位列第二[①]，为全国其他省份的后续建设发展提供了范例。

"美丽浙江"的战略目标设定有一个过程，从"绿色浙江"到"生态浙江"，再到"美丽浙江"，实施建设生态文明示范区的战略，这一连串的目标提升充分体现了浙江在生态文明建设问题上从小视域向大视野转变的全域观，切实将生态文明建设合理、充分地融入经济、政治、文化、社会的各个方面和全部过程，准确把握好生态文明建设在"五位一体"总布局中所扮演的角色和目标定位，从而避免单纯为了保护环境而保护环境，全然不顾社会其他方面的协调发展的导向。2002 年 6 月，浙江省第十一次党代会首次提出了建设"绿色浙江"，次年，打造"绿色浙江"作为重要组成部分纳入"八八战略"，之后浙江省围绕"绿色浙江"的建设开展了一系列科学有效的生态环境修复行动，包括"千村示范、万村整治"工程、"811"生态环保行动、"美丽乡村"建设行动，等等。2003 年，浙江省委、省政府作出建设生态省的决定，随即制定并实施了《浙江生态省建设规划纲要》，开始进一步拓展生态经济的发展领域，改善浙江省的生态环境，"生态浙江"走出了一条有浙江地域特色的生态文明环保之路。2005 年 8 月，时任浙江省委书记习近平同志在浙江安吉余村考察时，提出了"绿水青山就是金山银山"的科学论断，为推进浙江生态文明示范区的建设提供了重要的指导。2014 年 5 月，浙江省委十三届五次全会提出并通过了建设"两美浙江"的重要决策。"两美浙江"缘起"绿水青山就是金山银山"重要理念，传承"美丽中国"，即建设美丽浙江，创造美好生活。建设"美丽浙江"是"美丽中国"在浙江的生动实践和创新发展；创造"美好生活"是浙江响应浙江人民对良好生态环境的诉求，是"美丽浙江"内涵的外延和升华，是改善人们生产、生活条件的重要内容。2016 年 4 月，浙江省委明确指出要在 2020 年将浙江建成生态省，实现生态立省。生态立省本质上就是以环境优先为基本原则，在生态环境和资源消耗的可承受范围内，改变发展方式、生产方式、经济结构以及消费模式等，以实现发展和保护的双赢局面。建设生态文明，对加快浙江全省转变经济发展方式具有最直接的倒逼作用。在全国范围

---

① 《"美丽中国"省区建设水平（2012）研究报告》，http：//media. people. com. cn/n/2012/1203/c40628 - 19776180 - 3. html，2012 年 12 月 3 日。

内，浙江是率先基本实现现代化的探索者和先行者。2017 年，浙江省第十四次党代会上提出，加快美丽浙江的建设步伐，全面推进浙江生态文明建设。纵观浙江对“绿色”、对“生态”追逐的脚步，每一步都扎实稳健、实打实地为人民争取更蓝的天、更清的水、更绿的山和更净的地，保护环境如同保护我们自己的眼睛一样，不遗余力地去珍爱我们身边的绿色，保护我们周围的环境，为人民群众创造良好的发展环境，促进人与自然和谐相处，共生共荣。

第一节 实现天蓝、水清、山绿、地净

建设“美丽浙江”，必须牢固树立和深入践行“绿水青山就是金山银山”的重要思想，正确处理好保护生态环境和促进经济发展之间的矛盾，平衡好二者之间的利益取舍，要清楚地认识到保护自然环境和发展经济二者之间并不是对立的、不可调节的，相反二者往往是相辅相成、相互促进的。没有良好生态环境的经济发展一定是不可持续、不平衡的发展；忽视经济发展的环境保护也一定是缺乏科学性、合理性的保护。绿色是生态环境的原色，更是保障浙江经济永续发展的幸运颜色。“绿水青山”本身就是“金山银山”，生态可以转变或者提升为生产力，更直接地说，生态就是一种生产力。2013 年 5 月，习近平总书记在中共中央政治局第六次集体学习时指出：“牢固树立保护生态环境就是保护生产力、改善生态环境就是发展生产力的理念，更加自觉地推动绿色发展、循环发展、低碳发展，决不以牺牲环境为代价去换取一时的经济增长。”① 浙江在沿着绿色发展的这条路上，以“绿水青山就是金山银山”理念为思想先导，汲取人类文明发展过程中的经验教训，改变“GDP 至上”的政绩观，加快生态文明建设，建立以绿色 GDP 为主要内容的考核指标体系，从政策的制定，到行动的开展，再到文化的传播，使浙江成为实践习近平生态文明思想和建设美丽中国的示范区，认真勾画好“美丽浙江”的新图景。

当前，除了创造更多的物质财富和精神财富来满足人民日益增长的美好

① 《习近平谈治国理政》，外文出版社 2014 年版，第 209 页。

生活需要之外，还要满足人民日益增长的优美生态环境需要，为社会成员提供更多更优质的生态福利和环境公共物品。让每一个孩子能够透过蓝蓝的天空感受到阳光的明媚；让每一个外出的游子思念家乡清洌甘甜的水源；让每一个自远方而来的朋友体会到浙江的山绿；让每一个为这座城市忙碌奉献的人切身体验到城市干净整洁的地面环境。这些年来，浙江为满足人民对美好生活的热切期盼，一直在砥砺前行，取得的成果也是有目共睹的，以下从四个方面论述浙江是如何实现碧天白云、山清水秀的。

一　自然生态之美：实施清新空气行动，让天长蓝

蓝天白云是大自然的底色，要保持清朗的天空和清新的空气不仅需要政府部门的强制约束和实时监督，更离不开社会各方面的共同努力和付出。为了打赢蓝天白云的保卫战，保证良好清新的空气质量，浙江使出多重重拳，保护措施不断加码，经过长期的治理，浙江省内的空气污染指数在逐步降低，空气污染天数也明显地减少，人们抬起头不再是隔着厚厚的霾与阳光远远相对。资料显示，空气质量综合指数排名前三的舟山市、丽水市、台州市多次成为全国空气质量十佳城市。从工业整治方面看，减少过剩产能和淘汰落后的重度污染产业，调整产业布局和结构，创新开发新型环保能源，严格控制工厂废气污染物的排放量，同时制定了一系列关于制鞋工业、工业涂装等行业的大气污染物排放标准，推进石化、化工、涂装和印刷等重点行业削减 VOCs 排放量。从绿色出行方面看，调整能源使用结构，政府大力支持电动公共汽车和天然气公共汽车；防治机动车污染，鼓励公众低碳出行，尽可能搭乘公共交通，包括地铁、共享单车以及共享电动车等。从能源使用方面看，减少煤炭等重污染能源的使用，增加风能、水能、太阳能等节能环保能源的使用，采用新型清洁环保能源，加快清洁能源和新能源的供应链、产业链建设，大力开发太阳能、核能、风能等以满足全社会日趋多样化的能源服务需求；发展能源清洁技术也是减少污染物和提高能源使用效率的关键所在，通过将科学技术应用到能源转化和循环利用领域中，促进企业清洁化、低碳化发展。

二 自然生态之美：实施清水河道行动，让水长清

水是生命之源，生态之基。人类的生产生活活动都离不开水，水资源的质量直接影响人们的生存和身体健康。虽然浙江省是一个水系发达、水网密布的省份，但也是一个水资源消耗大省，这对于上下游其他城市和省份乃至整个流域的自然环境都会造成严重影响，再加上水污染问题日趋凸显，浙江省的水治理迫在眉睫。2008 年，浙江开展了“811”环境污染整治行动，针对全省八大水系、运河以及平原河网等水域进行了治理，以保证居民基本饮用水达标。这次水资源整治活动还涉及了医药、化工、印染、冶炼等一些重点污染行业，对这些领域采取了跟踪督查的办法以确保排放量稳定达标，而对于一些污染严重的企业一律强制要求其停业整治或直接关停。在农业领域，加强对农业废弃物的排放管理，重点抓好养殖业的污染问题。2013 年，浙江开展了轰轰烈烈的“五水共治”行动，这次行动的目的不仅是将污水变成清水，更在于通过污水治理体现浙江转型升级后的实际成效。治污水主要治理江水、河水等被污染的水资源，将水质指标作为衡量企业继续发展的一项硬性条件和要求，倒逼排污严重的企业尽早进行内部转型和结构升级，以促进各类水生态系统恢复，实现人水和谐共处。浙江作为一个降水量十分丰富的东部沿海省份，每逢阴雨天河面高涨、地面积水过剩，严重影响城郊农村地区的庄稼生长和城市交通、公众出行，再加上地方水系发达，河河相连，如果遇到某一处河道不畅通，就会出现黑河、臭河，严重影响人们的居住环境安全和饮用水安全，所以，防洪水和排涝水主要解决的是防洪排涝，疏通河道，提升水质，美化居民的生活环境。保供水是确保居民能够随时使用到安全的自来水。水是人们日常生活必需品，保供水工作与民生息息相关。抓节水，治水不仅要在源头加强管理，也要在使用过程中重视管理。水是一种资源要素，抓节水就是要让人们懂得爱护水资源、珍惜水资源、节约水资源，水资源并不是取之不尽、用之不竭的。节约用水就是要让公众增强节水意识，树立节水理念，从日常生活抓起，从生产活动抓起，循环利用水，提高水的利用效率。“五水共治”等措施的实施，取得了较好的成效，全省的水资源质量、利用率都有了突飞猛进的提高。“2014 年到 2015 年，

浙江全面开展‘清三河’，消灭垃圾河6500公里，完成黑河、臭河整治5100公里”①，进一步推动浙江清水河道工程向前迈进。2017年，浙江打响了全面剿灭V类水之战，坚定决心修复水环境，在“五水共治”的基础上，加大河道淤泥的清理力度，及时打捞河道里丢弃的垃圾，做好垃圾分类宣传工作，进一步加强对工业的管控和整治，促进水质改善加快提速，滔滔大江大河全流域清澈洁净，小河小湖也是涓涓清流，水净见鱼，真正补齐浙江水生态环境的发展短板。同时，也让浙江的“河长制”治水经验服务全国，为美丽中国建设提供了浙江样板。

三　自然生态之美：实施生态保护行动，让山长绿

“青山绿水”作为地球上的“绿色财富”，需要每一代人携手才能保护好。浙江是有名的江南水乡，全省森林覆盖率达到61.17%，因此，浙江也被贴上了“绿色”的标签。而今，浙江也在全力以赴打造“绿色品牌”，建设生态文明示范区，打造一个天更蓝、水更清、山更绿、地更净，青山环绕，坐拥鸟语花香的桃源世界。

通过实施“山水林田湖”的生态保护和修复，严守生态保护红线和底线，持续推进对山区水土流失问题的综合治理，健全林地、耕地、草地休养生息的制度并严格实施，完善跨区域生态补偿机制，加大对山区、林区生态功能的挖掘和开发力度，重点保护生态环境敏感和脆弱的地区，加大监测力度，全面提升森林、河湖、湿地、草原、海洋等自然生态系统的稳定性和生态服务功能。大力建设具有人文气息的美丽城市和青山水秀的美丽乡村，使山水与城乡融为一体、自然与文化相得益彰。加快推进城市生活垃圾分类化、减量化、资源化、无害化处理，提高废弃物的二次利用率；落实乡村生活污水治理、垃圾处理长效维护管理机制，形成二者互动式发展的格局，共同助力建设绿色清净的美丽城乡。借助乡村依山傍水的环境优势大力发展乡村旅游业，积极培育特色风情小镇，推进“万村万景”、独具一格的新兴旅

① 《将“五水共治”进行到底——写在浙江省全面打响劣V类水剿灭站之际》，http：//www.zj.xinhuanet.com/zjHeadline/20170206/3642105_c.html，2017年2月6日。

游发展模式，挖掘人文景观与建设自然风景相结合，提升发展田园风光、民宿经济，全面建设“诗画浙江”中国最佳旅游目的地。

浙江实施的以治水、治气为重点，强抓治土、治固废的“碧水蓝天”工程，使生态环境保护的面貌焕然一新。以“绿水青山就是金山银山”理念的发源地安吉县为例，安吉县在“绿色”建设行动中是不可或缺的探索者和实践者。过去的几十年里，安吉县以牺牲青山绿水来换取“金山银山”，事实证明这不利于经济的可持续发展。伴随着2003年浙江启动的生态立省的决定，安吉县也确定了“生态立县”的发展战略。之后，结合习近平同志的“绿水青山就是金山银山”的理念，将本县的发展方向转移至加强生态环境建设，不断深化全县环境整治工作，逐步化解了当地的生态危机。从“消费资源”到“消费风景”，安吉县提供了一条践行“绿水青山就是金山银山”理念的经验和道路，验证了GDP和生态环境二者可以兼得，描绘了一幅“绿水青山”的生态经济蓝图。

四 自然生态之美：实施绿化美化行动，让地长净

一座城市干净的地面就像一面镜子，能够直接反映出这座城市的发展水平和生态环保理念。人们常说，拥有一双好的鞋子能够带领我们走向自己的幸福之路，一条随处干净、随处整洁的道路能够引领人们寻找到自己心之所向的那座城市。以小见大，城市小街小巷的环境卫生状况最能体现城市的文化底蕴和精神文明，也是城市的一张“名片”，会给人留下很深刻的印象。近年来，浙江的美丽公路也渐渐成为浙江的“经典之作”。谈及对浙江公路的印象，每一个前来游玩观光、学习交流的人都会赞不绝口。自2012年开始，浙江就陆续打出了一系列改善城市面貌、提升城市形象的“组合拳”，包括“四边三化”（指浙江省委、省人民政府提出的在公路边、铁路边、河边、山边等区域开展洁化、绿化、美化行动）、“两路两侧”（指公路、铁路沿线两侧）以及“三改一拆”（指改造旧住宅区、旧厂区、城中村和拆除违法建筑）行动等，着力解决城市“脏、乱、差”的环境问题，进而造福市民。2012年6月，在浙江全省范围内启动了“四边三化”行动，针对公路边、铁路边、河边、山边四边区域开展了一系列具体的洁化、绿化、美化工

作，在人们视线可及、足迹可步的范围内打造出一批环境优美、空间布局合理的流动景观带和风景区。在公路和铁路方面，主要是加强垃圾清理收集工作，提高周边植被覆盖率，责令拆除路边违规广告牌、宣传栏和违章建筑，使道路交通清爽干净，发挥好城市窗口的重要作用。在河边和山脚清理方面，一是加强河道淤泥、垃圾、废弃物以及污染物排放的清理工作，逐步提高河流的自净能力，保护水环境不再受到二次污染；二是加快对废弃矿山、砍伐过度山林的修复和治理，最大限度地减轻山体开采对周围生态环境的消极影响，通过采取"新造、补植、改造、封育"等方式达到绿化、美化、彩化森林景观的目的。通过"四边三化"行动，浙江省基本消除"脏、乱、差"的环境问题，为之后进一步推进城市绿化、美化工作奠定了基础。2015年，依据"绿水青山就是金山银山"理念，"四边三化"行动升级为"两路两侧"行动，进一步深入开展环境美化活动。"两路两侧"是对公路、铁路两侧的环境治理，其实是在"四边三化"的基础上重点推进对"两路"绿化缺失、垃圾到处乱扔、乱搭乱建以及路面管理维护不力等问题的解决，提升浙江"两路"的整体环境，提高了"两路"服务质量和使用者的体验感，为打造"美丽浙江"贡献了一分力量。从2013年至2015年，浙江省政府提出了"三改一拆"行动，这场为期三年的行动旨在彻底拆除违法、违章建筑，全面推进对旧住宅区、旧厂区和城中村的改造。这场为城乡"洗洗脸、理理头发、修修胡子"的行动，不仅推动了城市化发展进程，拓展了城市空间，更重要的是强化了城市空间布局，改善了城乡的环境面貌和居住条件，为居民提供了绿意更浓、街道更干净、更便利的生活环境，同时也有利于改变居民的生活方式。除了这些以城市为核心的净化行动之外，农村地区也在积极开展生产、生活环境整治工作，加强对固体废弃物和垃圾的分类处置；对农业残渣和家畜粪便科学合理地利用，防止排放到路边、河流中；及时修护和铺建农村道路，方便农村居民的交通出行。路边的绿化带让出门锻炼身体的人感受到大自然的味道，干净的街区吸引越来越多的市民投入健身的行列中，平坦的地面方便了人们的日常出行。这一切的变化，都是源自"美丽浙江"的实施。

党的十九大报告指出："建设生态文明是中华民族永续发展的千年大计。必须树立和践行绿水青山就是金山银山的理念，坚持节约资源和保护环境的基本国策，像对待生命一样对待生态环境，统筹山水林田湖草系统治理，实行最严格的生态环境保护制度，形成绿色发展方式和生活方式，坚定走生产发展、生活富裕、生态良好的文明发展道路，建设美丽中国，为人民创造良好生产生活环境，为全球生态安全作出贡献。”① 浙江在加强生态文明建设的路上积极践行“绿水青山就是金山银山”的重要理念，并走出一条符合浙江生态文明发展的新道路，其正确处理好经济发展与生态保护之间关系的做法和实践，为全国生态环境建设贡献出了浙江样本和浙江经验，描绘出一幅天蓝、地净、水清、空气清新、城乡美丽的独具韵味、别样精彩的生态画卷，最终实现人、社会、自然的和谐相处与互动共进。

第二节 建设山川秀美、宜业宜居的诗画浙江

保护生态环境，全面推进环境治理和人居环境的改善是全面建成小康社会的重要指标，其最终目标就是实现人与自然和谐共生。不断改善生态环境和人居环境，也是为了尽快推动绿色发展方式、生产方式和生活方式的形成，通过鼓励发展生态工业、生态农业、“无烟工厂”等增强浙江经济的竞争力和发展潜力；通过扶持中小创业实体、互联网经济、电子科技等开拓、引领浙江繁荣的新兴产业；通过建设美丽城市、美丽乡村、智慧城市等增强浙江吸引外来人才的动力。浙江在遵循“绿水青山就是金山银山”的理念先导下，实现了既要“绿水青山”也要“金山银山”的转型目标，在把浙江秀美的山川景色发挥得淋漓尽致的同时，也越来越重视建设浙江宜业宜居的地域文化和社会氛围。宜业，就是指有适宜各行各业发展以及培育创业的空间环境、政策支持、社会资金、创新能力等要素；宜居，指有适宜当地居民、外来迁移人口生活的轻松美好的社会环境、社会文化、智能设施，也有吸引人才落户定居的先进生活方式、设备完善的生活圈以及包容的社会氛围。浙江正在朝着具有可持续发展的生态经济、优美健康的生态环境、繁荣进步的生态文化与和谐美好的民生家园方向不断行进。“美丽中国”的提出

---

① 习近平：《决胜全面建成小康社会 夺取新时代中国特色社会主义伟大胜利——在中国共产党第十九次全国代表大会上的报告》，人民出版社 2017 年版，第 23 ~ 24 页。

是对过去以消耗资源、污染环境、破坏生态为代价的单纯 GDP 增长的深刻反思，也顺应了人民群众对美好生活追求的愿景。同样的，“美丽浙江”也是基于此原因进行的生态文明建设。生态文明建设顾名思义，要处理好人与自然的关系，但不局限于此，还要“实现人与社会、人与人、人与自身的和谐发展、科学发展”①。“美丽浙江”体现了美学的概念，包括时代之美、社会之美和生活之美。下文就从三个“美”的角度描绘宜业宜居的诗画浙江。

一　时代之美：生态经济推动经济发展的新引擎

1. 推进生态工业的绿色化发展

第一，推进传统工业的改造持续升级。淘汰传统工业中的重污染和高消耗企业，为新型产业腾出生存发展空间；整顿有待改进，仍有经营价值的中轻度污染的工厂，提高工厂生产资料和资源的利用效率，积极引导产业转变发展方式，创新发展方式，以推动产业结构革新和升级。建立健全产业规划设计和产业政策引导体系，帮助落后弱势产业谋划新的发展方向和内容，完善优势支柱产业扶持机制和激励方式。积极扶持、培育地区龙头产业和支柱产业的发展，开拓长久发展业务和特色发展业务，由“一条腿走路”转变为“两条腿走路”，保障企业的可持续发展。加紧推进生态工业园区的建设和发展，鼓励各地区生态工业园区的创建，加强资源的集聚效应和相互联系，打破传统工业的封闭式发展。浙江在“‘十一五’期间，关停小火电机组 531 万千瓦、淘汰落后炼钢产能 230.8 万吨、炼铁产能 13.2 万吨，淘汰落后造纸产能 60 余万吨，淘汰低效工业锅炉 2100 台，改造在用锅炉 2300 台，关停黏土砖瓦窑 2547 座”②，重拳之下，在保留传统工业的同时促进传统工业与时代相适应，增强传统工业的绿色性能，发挥好传统工业的环保性能，符合浙江向更高层次的经济发展的目标。

---

① 孙丽霞：《谈“美丽中国”建设的内涵和实现途径》，《商业经济》2013 年第 10 期。

② 浙江省经信资源处：《浙江发展生态工业的思路与对策》，《政策瞭望》2012 年第 10 期。

第二，推进工业循环经济发展。近些年，浙江的资源综合利用程度明显提高。通过应用科学技术手段和研发新型循环设备，实现了工业领域固体废弃物、液态废弃物、工业垃圾的清洁回收处理、安全运输、清洁再生的一整套完善的体系。政府鼓励支持企业向资源综合性利用方向转变，将企业的“废气、废水、废渣”利用水平作为考核和衡量企业发展的重要指标，形成完善的治废系统，争取从源头治理污染，杜绝造成二次污染，净化生存环境，保护人类、动物以及植物的生命健康不受到危害。促成绿色循环理念与高端装备等万亿产业的相结合、相融合，加强工业生态功能的设计性和绿色产品研发销售，推广绿色循环生产工艺，支持企业绿色认证。重新构建生态循环工业产业链，科学合理地引导上、下游相关企业，并结合产业集群、产业集聚区、企业之间以及园区的集群协作发展优势，广泛地推行废弃物的重复利用，特别针对有共生关系的企业，大力促进循环经济的发展是降低企业经营成本、充分发挥资源使用效率的途径之一。鼓励相关企业之间进行废物交换利用，精简流通过程，降低成本，减少污染，共同使用基础设施和其他相配套的工业设施，促进资源循环利用与区域特色产业发展互动。

第三，推进清洁生产，实现可持续发展。清洁生产不仅是企业增强竞争力的内在要求，而且是一种先进文明的发展和管理理念。浙江在实施清洁生产的改造示范过程中，引导企业改变过去落后传统的生产经营理念，积极推行清洁生产方式，供应符合环境标准的“清洁产品”。建立健全清洁生产的政策法规，设立一定数量的清洁生产中介服务机构，同时加强对清洁生产中介服务机构的管理和监督，陆续培养高水平的清洁生产服务人才，最终创建一批专业、合格、先进的清洁生产审核咨询服务机构。政府积极有序地推广先进的清洁生产技术，鼓励和指导试点企业采用先进适用的清洁生产工艺技术实施升级改造。进一步对冶金、化工、轻工、纺织、电力等重点行业开展调整工作，加大对各类工业园区内采用清洁生产方式的企业的审核力度和强度，快速提升整个工业领域的清洁水平。形成以政府为主导、以社会为支持、以市场为引导，企业为主体的自觉自立的清洁生产机制，将清洁生产作为工业发展新的发力点、新的经济增长点，辐射带动当地环保设备制造业和环保服务业等新兴行业的兴起。同时，政府、社会、市场和企业不断加强协同合作，在政府层面加大环保基础设施的资金投入和企业补贴；在社会层面，环保理念深入人心；在市场方面，清洁技术成为有效的竞争力；在企业方面，节能环保成为时代趋势，是产业规模继续扩大的重要推动器。

2. 推动生态农业的经济化发展

生态农业是未来发展前景最为广泛的绿色产业之一。坚持现代生态农业的发展，不仅要以绿色消费为导向，还要开发出生态农业的市场化运营和经济性附加值，以提高农业的市场竞争力和可持续发展能力。推动生态农业的发展，一方面要在农业领域建立绿色指标体系，保证农业生产绿色、产出绿色、运输绿色以及农业废弃物绿色安全排放；另一方面要提高农业的经济含量，通过市场经济的方法来做大、做强生态农业的主导产品。实现生态农业的经济性关键是牢牢抓住市场这只隐形之手，遵循市场供给、需求规律，在保证能够提供绿色优质有机农产品的同时把握市场发展动态，加快农产品的品牌建设和经营模式的创新，推进种植、观赏和游玩“三合一”的发展，以吸引更多的消费者和投资者。

第一，不断提高农产品的质量。注重发展无公害农产品、绿色食品和有机食品，建立和完善农副产品的质量标准、认证体系、安全监测体系、安全检验检测体系。加强对农产品的源头管理，包括对土壤环境检测、附近灌溉水源检测和污染防治，加强对农药、化肥使用量的控制，改进和提高种养技术，预防和减少畜禽污染物的排放，以保证农产品的品质。

第二，提高农业废物的循环利用和综合利用。针对畜禽排泄物的利用和处理，大力促成养殖业和种植业的相互衔接、相互联系，尽可能减少繁复的交换过程，实现就地利用。针对农作物秸秆的利用，依据各地秸秆资源的数量、品种，选择合适的综合利用方式。通过鼓励农民采用机械化秸秆还田技术，有效提高秸秆肥料利用率；通过广泛推广沼气工程、饲料化利用等秸秆资源化、能源化利用方式，不断拓展利用领域和提高利用效率。针对农产品加工废弃物的处理利用，通过大力推行食用菌的剩余残渣多种利用，提高农田肥料、能源燃料、生态修复材料等的使用率和利用率，以减少农产品加工过程中的废物排放。

第三，发展壮大农村经济。生态农业是集约化经营和绿色化生产有机耦合的现代化农业，除了发挥农业绿色生产的本质优势，还要提高生态农业的经营水平，二者相结合，拉长农业的产业链，促进生态农业向更高层次发展。推动农业产业的提升，其主干力量是生态农业的龙头企业、专业合作社，通过在人、财、物三方面政策支持，积极培养一批具有高文化素养，熟悉管理经营方式，懂技术、会技术的高水平生产经营者；通过扶持有带动能力的龙头企业和专业合作社优先发展，对周边的专业大户和家庭农场形成辐射，实现大规模的生产和生态化；通过创新生态农业生产结构、农作制度以及生产模式，打破常规，建设发展一批特色农业园和种植园，打造有特色优势的农业品牌和高科技含量的生态农业。

3. 创新发展“无烟工厂”

“无烟工厂”是相对于传统意义上的排烟排气排水工厂而言的，旅游业可以说是对生态环境影响较小的产业之一，但过度地开发利用生态资源供人们娱乐放松也会对自然环境造成负担，因此，在大力发展“无烟工厂”的同时，要积极创新生态旅游发展模式，促进旅游业健康持续的发展。浙江地处中国东南沿海长三角地区，除了占据地理位置优势，经济发展迅猛，旅游资源也十分丰富。尤其是近些年，纵横交错的旅游景点遍布浙江全省，旅游业成为浙江省龙头产业之一，每逢节假日杭州、宁波、温州、金华—义乌四大都市旅游经济圈，客流量节节攀升。浙江是吴越文化、江南文化的发源地，是中华文明的发祥地之一。与此同时，邻靠海洋的浙江自然风光也是别具一格，包括海洋海岛、地貌景观、水域景观、生物景观等一系列各具特色的美丽风景，吸引着全国各地的游客前来观赏，浙江省的旅游经济已经处于全国领先水平。在此基础之上，浙江也进一步提出要建设和发展乡村旅游，深入挖掘和开发乡村、小镇的历史文化和自然景观，推动绿色生态发展，实现一村一景色、一镇一特色、村村有景色、镇镇有文化的新型生态旅游发展模式。

第一，推进旅游业生态化发展。面对人们日益提升的对旅游品质消费的需求和对旅游新产品、新模式的期待，浙江主动做出改变，更加深入贴近、更加符合大众的旅游观念。在不断开发旅游资源的过程中，倡导保护自然景观，加快推进自然景区和人文景区的洁化、绿化、美化行动。考虑到自然环境的承受能力，加强景区的环境监测体系建设，适度增减接待游客数，实行错峰旅游机制，实现旅游开发与生态环境保护良性循环。实现从景点旅游向全域旅游的理念转变，共同推进景区内和景区外的绿色公共服务设施的建设和完善，消除游客景区内外的反差，打破旅游业发展空间上的限制，为游玩者营造全过程、全方位的旅游体验，在旅游行业中赢得口碑树立品牌，提高游客的满意度。

第二，在精准施策中做强乡村旅游。乡村是浙江文化的发源地，也是浙江的魅力所在。提高乡村旅游的品牌效应，促进乡村旅游的品质发展，推进乡村旅游的差异化、特色化发展是浙江旅游业转型发展和创新发展的重要一环。加强乡村建设的规划指导和布局设计，坚持“一村一景”，因地制宜创新乡村旅游亮点，充分利用乡村毗邻自然的地理优势，融入各具特色、各具魅力的乡土文化和风情民俗，再结合当地丰富多样的农副产品开展各类体验农村生活的活动项目以吸引游客驻足游玩，形成赏风景、体民俗、吃美味的一条龙服务。《浙江省旅游业发展“十三五”规划》提到把乡村旅游作为重点继续发展，依托乡村的好景、好水、好风光和原生态自然环境，大力发展休闲度假村、旅游观光村、民宿体验村、养生养老村以及创意农业和手工艺等，更好地满足大众多层次、多样化、多功能的旅游消费需求。

第三，发挥特色小镇的标杆引领作用。促进浙江旅游业转型升级、创新发展的重要力量就是一批特色小镇的创建和培育。个性化和品质化是当下旅游经济发展的必然趋势，将工业、科技、互联网、文化创意与小镇相结合，打造成一类“小而美”的特色小镇，发挥其业态新而强、功能集聚而先进、形态精美而富有创意的优势，努力将特色小镇打造成3A级以上的景区，向5A级景区的标准不断靠近。

4. 掀起创业热潮，积极鼓励创新创业

创新和创业是浙江踊跃向前、持续发展的动力和源泉。随着全省创业环境的不断优化，创业活力的不断激发，越来越多的人走上了自主创业的道路，一批又一批的中小型企业、公司相继显现出强大的市场竞争力和活力，有效地推动了浙江经济蓬勃发展和就业稳步增长。浙江省政府也积极努力从各个方面支持和引导“大众创业、万众创新”，赋予浙江经济持续的活力和新的生命力。

与此同时，浙江政府陆续出台了相关的人才引进政策，吸引了大量浙江转型发展、创新发展的特需人才资源，为浙江创新创业提供人才储备力量。

第一，营造良好的创业氛围。激发全省人民创新创业的活力，鼓励社会成员勇于尝试，大胆创业。弘扬自强不息的创业精神，使想创业、爱创业、敢创业成为一种新的良好的社会风向标；激发全社会的创业激情，包容突发奇想的创意，孵化与众不同的新事物，支持有想法、有干劲的创业年轻一代；注重拓展创业空间，拓宽创业渠道，大力建设创业园区，为创业者提供一个轻松舒适的活动场所；举办大学生创新创业比赛，面向大学生提供创业机会和创业平台，从校园开始传授创业经验和创业知识，鼓励大学生早日融入社会创业氛围。

第二，努力培养创业主体。在广泛动员社会成员创新创业的同时，也注重对创业主体的培养。对于城镇居民，鼓励居民积极参与社区组织的创业培训课和知识讲座活动，开阔视野，更新思想，激发居民的创业思维，点燃居民的创业热情。对于高校学生，开设创业课程，创业技能培训，为学生创造在公司、企业的实践实习的机会，发掘大学生的创业潜能，为大学生未来的创业之路增加知识储备。对于科研人员，激发创新动力，鼓励科研人员提高科研能力，努力将科研成果转化为产品收益，允许科研人员与企业加强联系，投入知识产权，增加创业支撑点。

第三，大力优化政策环境。在创业资金方面，政府运用财政支出结合银行等金融机构的贷款优惠条件，增大小额贷款的发放比例，为创业者打消资金缺乏的烦恼。完善和落实相关税收、补贴等优惠政策，帮助创业者度过困难的创业初期。放宽创业的准入条件，打破创业的场所限制，为创业提供更加广阔、更加开放的平台。大力推荐海外投资商选择一些新兴有发展潜力的中小型公司进行投资；政府给予在浙大学生、研究生等毕业补助金，鼓励高素质人才落户浙江、安家浙江、创业浙江，共建共享浙江的美好未来。

二 社会之美：大力建设更具魅力的美丽城乡

1. 积极推进美丽城市建设

浙江在经过快速城镇化之后，城市的发展空间、范围虽然有了进一步的扩大和延伸，但是城市发展的深度和广度有待提升。特别是随着城市人口的不断膨胀，外来务工人口和引进人才数量的逐渐增加，城市的配套措施、生活环境、结构布局越来越成为人们关心的问题和考量的标准。一个城市的发达水平也不再单纯根据硬实力来衡量，更重要的在于一个城市的文化内涵、环境品质、精神文明等软实力的提升。完善城市空间建设，是对人们衣食住行的基本保障。“美丽城市的生态空间必须是宜人的，人们所居住的环境优美，绿化设施完善，空气污染水污染的问题不复存在；社区邻里关系和谐，人与人之间相互信任，互相帮助；交通网络便捷多样，人们能够自由通行到达目的地。”[①] 令人欣慰的是，浙江一直高度重视城市生态景观的建设和规划，也在逐步加强城市“仪容仪表”的管理，加快提升城市的整体风貌，建设出高标准的美丽城市。

一是创建美丽城市景观环境。加强城市绿道网络和城市绿地系统的设计规划，增加城市的绿地面积，保护和修复城市的湿地环境，包括道路两旁的绿化带、市区公园和湿地、护城河、街边的园林艺术等，在发挥美化、绿化城市作用的同时，保持城市生态平衡，缓解市区内的温室效应。对于依山而建、傍水而立的城市，在尊重自然和保护自然的基础上，合理开发自然景观，将其融入城市的整体规划中。“加快推进海绵城市建设，大力推进城市绿化美化，按照减量化、资源化、无害化的要求推进垃圾综合治理强化垃圾分类处理。”[②]

二是建设美丽城市有序的空间环境。将城市交通规划和土地规划相结合，调整城市空间结构，提升城市的功能性。通过合理布局居民的居住区、生活区、工作区缩短人们的出行时间和交通距离，引导人们使用公共交通代步工具，改变居民的出行方式，缓解市区交通拥堵问题。例如杭州，以 G20 为契机不断加强城市交通建设，杭州地铁线从 1 号线至 10 号线围绕杭州市及杭州都市圈各地区形成一个舒适、快捷、网络化的城市大交通，方便人们每天在主城区和副中心之间穿梭，增强了城市的高效性和流动性，补齐了杭

① 杨雅婷：《生态文明视野下的美丽城市建设 以浙江省杭州市为例》，《城市地理》2015 年第 10 期。

② 浙江省社会科学院课题组：《践行“八八战略”建设“六个浙江”》，社会科学文献出版社 2018 年版，第 413 ~ 414 页。

州交通运输的短板。此外，提供多样化、环保性能强的交通工具，倡导绿色出行、文明出行的交通理念，降低机动车的使用率，降低二氧化碳的排放量，保持城市清新的空气。提升一个城市的品质品位，要将城市设计融入城市的方方面面，不仅要打通城市的“血管”和“神经”，重视城市交通建设，而且要启动新的城市改建，杜绝“脏乱差”的景象出现在人们的日常生活中。2013 年至 2015 年，浙江省政府连续三年推进“三改一拆”的工作，实现了对旧住宅区、旧厂区和城中村的改造和设计，合理规划和利用土地资源，改善城市居民的住房条件和生活环境，健全完善城市公共服务体系和公共服务设施。通过拆除和改造违章违规建筑、危房旧房，消除居民的安全隐患；新建大大小小的城市绿地和湿地，提高城市的新鲜度，推进市区景色的多样化，为建设和谐宜居、富有活力的高品质、高标准的现代化城市蓄力。

2. 积极推进美丽乡村建设

实现城乡一体化发展，是中国经济发展新常态背景下的必然趋势。党的十八大提出要建设美丽中国，而建设美丽乡村作为美丽中国的重要组成部分，其重要性不言而喻。美丽乡村的建设对于解决农村空心化问题、生态环境问题、人居环境问题、农村空间规划以及复兴农村文化具有重要意义，同时也是缩小城乡差距、实现城乡一体化发展的关键方式。“美丽乡村”始于浙江，源于安吉。2008 年，浙江安吉正式提出“中国美丽乡村”计划，出台《建设“中国美丽乡村”行动纲要》，此后十年安吉围绕习近平同志提出的“绿水青山就是金山银山”的重要理念，努力把安吉打造成中国最美的乡村。安吉“美丽乡村”的建设不但改变了村容村貌和生态景观，还孵化出许多知名的农副产品品牌，带领农民走向了环保致富的道路，农民生活越来越幸福，环境越来越舒适，农村、农业、农民真正实现了和谐发展。2013 年，农业部启动了“美丽乡村”创建活动，安吉这种将乡村特色与传统田园风光相结合的生态保护型模式也在全国范围内进行推广，为全国的美丽乡村建设提供了一条行之有效的创新道路。随后，全国各地也陆续创建和培育出符合自身特点的发展模式，包括产业发展型、文化发展型、休闲旅游型以及科技农业型等诸多发展模式，为进一步加快新农村建设，推动美丽乡村的实现提供了实践基础和理论支撑。

一是醉美浙江，村村优美。2003 年，浙江启动了“千村示范、万村整治”的行动，拉开了农村地区人居环境改造的序幕，率先引领部分乡村推进农村道路硬化、垃圾分类收集、改厕改水、清理河道污染和实施农田绿化，以先美带动后美，不断提升和改善农村居民的居住环境和生活品质。从 2008 年开始整体推进农村生态环境治理工作，严格控制和管理农村生活污水、农产品加工废弃物、畜禽粪便以及各类化肥农药的乱排乱放，保护农村地区自然生态环境的平衡发展，实现绿水青山常在。2013 年以后进一步深化提升建设“美丽乡村”，加强对农村地区的土地规划和设计、保护农村的遗址文化，在乡村的沿线形成既有干净整洁的农庄小景观，又有各具魅力的大山水整体风景带。

二是醉美浙江，家家创业。大力发展生态农业，积极鼓励农民创新农业发展，实施“一户一政策，一村一品牌”，提高土地利用效率，结合当地的气候条件、土壤质量、水源条件种植合适的果蔬农田，生产绿色无污染的安全的农产品。同时，鼓励农民学习互联网电商平台，拓展农产品的销售渠道和销售空间，培育新业态和中高级农业合伙人，发展美丽乡村经济，实现村美人富的和谐发展。乡村旅游是振兴乡村经济的重要一环，充分发挥乡村独有的原始性、乡土性、参与性，结合时代发展进一步延伸出来的娱乐性、高效性创建特色旅游村。立足美丽乡村各美其美的特点，集山、水、田、宅于一体，大力发展模式多种多样的旅游经济，如农庄果园体验、民宿经济、观光农业、休闲娱乐经济等，打响美丽乡村的旅游品牌。在发展乡村旅游业的过程中注重文化遗产的保护和修复，支持传承现存的农村传统手工艺技术、民俗活动，使乡村旅游业发展更加立体、更加全面、更加具有历史的厚重感。

三是醉美浙江，处处文化。文化建设是美丽乡村建设的灵魂，一座村落的文化底蕴就是它们日后发展的基础。坚持深入挖掘乡村文化、弘扬优秀的乡村文化、创新与提高乡村文化品质，是美丽乡村从外表美向内外兼修转型的关键一步。坚持保护好和利用好农村的物质文化遗产和非物质文化遗产，不断丰富其附加值，促进古村落鲜活起来、灵动起来，更具有可塑造性。坚持对当地文化习俗、民情民俗的搜集和记录，提炼和修复一部分既能保留原汁原味乡村风情，又适合现代大众娱乐的风俗文化。进一步做好村志的汇编和村档案的建立，保证乡土乡情的记忆不被遗忘。

四是醉美浙江，人人幸福。经过近十几年的建设和发展，浙江的美丽乡村越来越多，逐渐向高标准、高水平方向发展。生态农业、绿色农产品加工业、乡村旅游业的快速崛起，使农村居民的生活越来越富裕，也吸引了越来越多的进城务工农民返乡创业；生态环境的保护、居住环境的整改使农民的生活越来越舒心；农村产权制度改革的不断深入，切实维护了农民的合法权益；城乡一体化的迅速推进，使农村的基础设施建设日趋完善，公共服务水平有了明显的提高，农民的获得感和幸福感得到了提升，生活质量也比以前更高了。

三 生活之美：实现绿色与智慧并存

1. 促进绿色生活方式成为社会新风尚

倡导绿色生活方式，就要充分激发企业、社会组织、社会公众参与改变生活方式的积极性、主动性和创造性。首先，企业改变以往的经营理念，从生产到销售过程中都强调生态性和环保性，通过增加绿色商品的供给，鼓励人们选择消费和使用绿色环保产品，间接引导人们采取绿色健康的生活方式。其次，社会组织和社会团体对人们绿色生活方式的形成起到了催化作用，通过建立各种绿色生活方式的俱乐部、参与绿色志愿服务、基层社区对居民的绿色宣传等，营造出绿色、生态环保的社会氛围。最后，居民主动改变消费观念，树立理性消费、适度消费的理念，通过二手出售、闲置物品交换使用和分享使用等，提高物品的使用率，尽可能将物品的价值发挥到最大限度。减少机动车的使用次数，提高公共交通、自行车和电动车的使用率；出门逛街购物多次重复使用塑料袋，减少白色污染；外出就餐不使用一次性餐具，减少资源的浪费。通过这些日常活动习惯的养成，真正实现了绿色文化内化于人心，外化于人行，深化于人魂。

2. 共建智慧城市，共享智能服务

浙江一直在深入推进智慧城市的建设，联合“互联网+”和“智能化+”

为老百姓提供各种智慧应用性服务，目前其在交通出行、城市管理、医疗服务、旅游娱乐等领域的运用卓有成效，为广大社会成员的衣食住行提供了便利，如杭州的“智慧城管”、宁波的“智慧医疗”。提及杭州，人们就会立刻想到马云创建的阿里巴巴，也是基于马云迈出的互联网电商的第一步，以电商平台为新的运营模式开始在全国广泛传播。而作为互联网电商、支付宝应用的主要发起地区，互联网和大数据涉及的服务范围越来越广泛，同时也带动了一系列的新行业的崛起，包括物流运输、跨境电商、电子商务等，提供了更多更灵活的就业岗位和职业，也鼓励人们积极创业，人人当老板。这些经济繁荣发展的景象给人们带来新鲜感的同时也使人们的生活发生了翻天覆地的变化，通过一部手机人们就可以乘坐公交地铁、使用共享单车、电动车和汽车；只要在手机上点一点就可以轻松缴纳各种生活费用，享受电子化城市服务；坐在家里就能吃到送货上门的水果、蔬菜；亲戚朋友外出聚餐只需要“扫一扫”就可以预约排队、预约点餐；出门逛街买东西再也不用担心出现现金不够、零钱不够的尴尬问题。诸如此类新生活方式的不断涌现，让人们的生活越来越丰富跳跃，越来越轻松便捷，“共享”理念的出现更是让科技创新和大数据时代拥有了无限大的舞台，也激发出浙江未来更多的发展可能。

第三节　打造全域生态文明示范区

生态文明是人类社会进步的重大成果。人类经历了原始文明、农业文明、工业文明，生态文明是工业文明发展到一定阶段的产物，是实现人与自然和谐发展的新要求。历史地看，生态兴则文明兴，生态衰则文明衰。历史已经向世人证明：只有坚定不移地走建设生态文明的道路，才能实现中华民族的伟大复兴，生态文明将成为21世纪的主导文明形态。而打造全域生态文明示范区也将是浙江省未来发展的必由之路。未来，浙江将进行全方位、全地域、全过程的生态文明建设，紧紧围绕“绿水青山就是金山银山”的理念，坚持在保护中发展经济，在发展中改善环境，改变过去工业文明中肆意掠夺自然资源、破坏生态环境的劣行，实现自然环境与社会文明相互促进，共处共荣，使浙江成为名副其实的区域生态文明示范区和美丽中国的先行区。

一 什么是全域生态文明示范区

纵观人类社会文明的发展过程，无时无刻不在提醒着每一个人，任何文明的发展都是或诞生于自然或依赖于自然的，即使是在现代科学技术如此发达、工业文明如此繁荣的今天，人类都不可能超脱自然环境独立发展，而是要尽责任、尽义务地去弥补和挽救人类社会过去发展对生态环境造成的伤害，努力使生态文明的思想烙印于人心。“生态文明不是一种局部的社会经济现象，而是相对于农业文明、工业文明的一种社会经济形态，它是比工业文明更进步、更高级的人类文明新形态。”① 关于生态文明的定义，仁者见仁，智者见智，许多学者从不同的角度进行了阐释，大致可以归纳为三种。第一种观点认为人们在改造自然以创造社会财富时要有意识地保护和恢复自然，尊重自然规律，善待自然。第二种观点认为人类要想实现经济的可持续发展，不能只重视满足人们日益增长的物质文化需求，还需维护生态环境，促进人与生态环境共生共存，实现统一协调发展，“强调生态文明是生产发展、生活富裕、生态良好的文明”②。第三种观点认为“人类能够自觉地把一切社会经济活动都纳入地球生物圈系统的良性循环运动。它的本质要求是实现人与自然和人与人双重和谐的目标，进而实现社会、经济与自然的可持续发展和人的全面发展”③。这是一种高层次的生态文明发展，要求社会、人与自然三者之间和谐发展，良性循环。第一种观点与过去人们保护生态环境的初级阶段相一致，第三种观点是一种超越了人与自然关系的概念，而第二种观点更符合我国生态文明建设的发展阶段和发展方向，并在此基础之上往更高阶的生态文明建设方向发展。

全域生态文明是指在建设生态文明的过程中，按照系统工程的思路，全方位、全地域、全过程开展生态环境保护建设工作，将社会生活的各方面与资源环境有机协调统一起来，不断实现建设“美丽中国”的宏伟蓝图。打造全域生态文明示范区关键是要围绕“全域”展开，“全域”一词包含了三

---

① 薛建明：《生态文明与低碳经济社会》，合肥工业大学出版社 2012 年版，第 40 页。

② 张敏：《论生态文明及其当代价值》，中国致公出版社 2011 年版，第 6 页。

③ 廖才茂：《论生态文明的基本特征》，《当代财经》2004 年第 9 期。

层概念：全方位、多层次、广覆盖。从社会层面来看，就是要将生态文明建设融入经济建设、政治建设、文化建设、社会建设的各个方面和全过程，坚持“五位一体”的总布局；从空间维度看，就是要扩大生态文明建设的覆盖面，改变过去以村、县、市为基本单位来加强生态文明建设的状况，将其提升至全局高度，培养国家级的生态文明示范区；从深度方面看，要将生态理念融入各层社会关系中，小到个体的绿色环保观念形成，大到政府的政策制定和实施，在整个大的社会环境下，处处可见生态文明的萌芽在生长，处处可闻生态文明的气息在弥漫，处处可听生态文明的号召在传播。

全方位是生态文明建设的基本要求，一般是基于社会发展的四大领域确定的。对于一个正在向现代化迈进的发展中国家来说，把握住生态发展的契机，加快进入生态文明的新时代是至关重要的。在经济领域里，我们在追求降低成本、增加效益的同时也要考虑到环境成本的问题，将绿色成本和绿色收益也作为企业发展的一项重要衡量指标，发挥企业在生态文明建设中的功能作用。在政治领域，政府部门要加强有利于生态文明建设的政策法规的制定和实施，对市场上的经济主体形成法律法规的限制和约束，保障生态文明建设的有序推进。把生态文明建设融入政治环境中，关键是要改革政府的行政管理方式，利用政府的强制力为维护环境权益提供政治保证。在文化领域，加强生态文明价值观的建设，摒弃为获得金钱、利益上的满足牺牲自然环境、自然资源的思想意识，传扬人与自然和谐共生的价值理念；重视全民生态文明道德的建设，提高人们保护生态环境的责任感和荣誉感，关心自然就是关心自身，关心子孙后代。

多层次是生态文明建设的关键，是指生态文明建设过程中涉及的不同的社会主体。从微观来看，以个人或家庭为单位的主体是生态文明建设的拥护者。党的十九大报告指出我国的社会主要矛盾已经转变为人民日益增长的物质文化需要同不平衡、不充分发展之间的矛盾。人们对生活的期待不再停留在“吃得饱，穿得暖”的层面上，而是追求更高的生活品质，这也就意味着人居环境、社会环境、生态自然环境将是人们最为关注的内容，每一个社会成员都会自觉地改变自身的生活方式和生活理念，逐步形成保护环境、勤俭节约的绿色文明生活方式。从中观来看，以企业和社会组织为核心的主体是生态文明建设的实践者。不管是企业还是社会组织，不管是发展经济还是促进社会进步，都不能以破坏生态环境为代价，因地制宜选择好适合自身发展的模式，从生产、加工、运输、销售以及消费等各个环节把绿色理念贯彻到底，形成绿色产业链，促进绿色经济的发展。从宏观层面来看，以中央政府和地方政府为核心的主体是生态文明建设的引导者。生态文明的建设离不开政府的宣传和指导，如果不将绿色发展上升至国家层面，仅依靠社会成员的力量，是无法有效推进生态文明建设的。特别是地方政府应结合本地区生态发展现状，因地制宜在制度设计、政策制定、城市规划设计、生态理念的宣传引导方面发挥着积极作用，解决市场在保护生态环境中失灵的问题。

广覆盖是生态文明建设中的重要内容，是指不断扩大生态文明建设的空间范围，开展国家级生态文明试验区的建设工作。过去建设生态文明是立足村县，以点带面，推动乡村、城市近郊发展绿色经济，生态文明示范区的部门评定也是以县、市级为考核单位，因此国家层面的生态文明示范区只限于生态环境禀赋较高和绿色发展空间较大的省份，而要提高某一地区整体生态文明水平，并且使生态文明建设的路径具有可推广性和可复制性，就需要在全域覆盖上全方位地推进生态文明建设，在汲取其他地方建设经验的基础上总结规律，以点带面，以面连片，实现省域范围内各地方的生态文明建设有序推进，逐步达到国家级生态文明示范区的标准和要求。

二 打造浙江全域生态文明示范区的措施

尽管浙江在生态文明建设方面已经取得了突出的成绩，且建设生态文明的措施和经验推广至全国，成为建设美丽中国的典型范例，但是浙江要进一步把本区域打造成全国生态文明示范区，仍然需要从其他方面多下苦功夫，多费大力气，多想奇招，将建设全域生态文明示范区视为一项长期的、系统的、艰巨性的任务看待，有条理、分阶段地推进工作。接下来浙江为打造“美丽中国”的典型示范区主要从思想意识、制度制定以及绿色发展三方面展开工作，促进浙江省全域生态文明程度的提高。

第一，培育并普及高尚的生态思想文化。培育生态思想文化，简单地说，就是要让人们清楚保护和促进生态文明是正确且必须做的事情，要求社会成员摒弃工业文明带来的以单纯追求经济效益为动力的思想文化，通过挖掘浙江传统的生态理念和生态思想，结合绿色产业大发展的时代特征，培育出先进、优秀、有包容力的生态文化。普及生态文化观，通过广泛宣传、深入教育，向居民、企业、政府普及生态文化和生态思想，激发全省人民的主体意识和责任意识，遵循尊重自然、顺应自然、保护自然的生态文明理念从基层做起，培育绿色家庭、绿色社区、绿色学校，循序渐进带动社会的整体氛围，促使社会成员主动学习绿色生活方式，自觉选择绿色出行。政府部门要以身作则，争创节约型政府，“要求每级政府以正确政绩观为指导积极推动绿色发展”[①]，引导企业向生态环保型转变、扶持社会公益组织和公益团体从事生态环保志愿服务，以强化整个社会的生态伦理、生态道德、生态价值意识并将其融入日常生产生活过程中。通过加强生态文明宣传教育，增强全民节约意识、环保意识、生态意识，营造爱护生态环境的良好风气。通过与社会全体成员共建美好生态文明的愿景，明确政府的具体工作和职能，树立企业的社会责任，鼓励社会公众积极主动接受先进的生态文化，努力建设美丽浙江，让人民群众共享生态文明建设取得的成果。

第二，完善生态文明制度体系。建设美丽浙江，保护生态环境必须依靠制度的建立和完善，只有实行最严格的生态文明制度，才能为生态文明建设保驾护航。在保护环境方面，完善经济社会发展考核评价体系，把资源消耗、环境损害、生态效益等体现生态文明建设状况的指标纳入经济社会发展评价体系，建立体现生态文明要求的目标体系、考核办法、奖惩机制，使之成为推进生态文明建设的重要导向和约束。在制度建设方面，建立对领导干部生态环境责任追究制度；建立健全资源生态环境管理制度，加强对水资源、空气、土壤和森林资源的数量上的控制和质量上的监控；建立污染物排放总量控制制度，对全省各市县的资源环境承载能力进行评估，设立检测预警机制，将环境承载力与企业资源消耗能力综合考量，严把环境准入关。抓紧完善相关法律法规条文，对于严重损害生态环境的社会主体，除了加大罚款力度，还要依法追究法律责任。深入推进“绿色”政策的实施，对于少污染、低能耗的环保企业给予一定的财政补贴和税收减免，尤其是在转型初期刚刚迈入绿色行业的企业，政府的支持显得尤为紧要。最后，坚持实施地

① 沈满红：《“十三五”时期美丽浙江建设的战略构想》，《党政视野》2016 年第 1 期。

方资源权和排污权交易，促进经济市场的绿色化、健康化发展。

第三，走绿色环保的经济发展道路，大力推行生态主导化战略。“将产业经济的发展以生态产业为导向，要完成从黑色发展向绿色发展的转变、从线性发展向循环发展的转变、从高碳发展向低碳发展的转变。”[①] 通过鼓励企业转变经济发展方式，调整结构以实现企业的绿色化发展、低碳化发展。通过大力开发和使用绿色清洁能源，如太阳能、风能、核能等新型能源和可再生能源发展绿色经济、循环经济，以构建清洁低碳、安全高效的能源体系。通过调整产业结构、企业结构，减小对重工业的过度依赖，走出高能耗、高污染、低效能的粗放型生产模式的怪圈，降低黑色污染的排放，加大对生态农业、生态旅游业、生态服务业的支持和投入，协调好第一、二、三产业之间的发展比例，走绿色环保发展道路。政府要大力支持绿色技术的创新和应用，提高节能设备、环保设施在企业中的使用率，增大绿色技术在企业创收中的比例，带动各行各业开展新一轮的绿色技术革命。

中国生态文明建设持续推进，不知不觉已然对国际社会产生了重要影响。作为世界上最大的发展中国家，中国正在坚定不移地向低消耗、零污染的绿色发展模式转变。2015 年 9 月 28 日，习近平主席在第七十届联合国大会上的讲话中提到，“建设生态文明关乎人类未来。国际社会应该携手同行，共谋全球生态文明建设之路，牢固树立尊重自然、顺应自然、保护自然的意识，坚持走绿色、低碳、循环、可持续发展之路”[②]。在这方面，浙江经过十多年的绿色发展和生态建设，取得了许多防止污染、美化环境、保护生态和发展绿色经济的经验，并将这些经验方法通过各种方式分享给其他地区和国家，让国际社会在看到中国生态文明取得成效的同时也能共享经验知识和科学技术。未来，“美丽浙江”将会是“美丽中国”建设的先进示范区，而“美丽中国”的建设将会为清洁美丽的地球环境贡献出中国力量。

---

① 沈满红：《“十三五”时期美丽浙江建设的战略构想》，《党政视野》2016 年第 1 期。

② 《十八大以来重要文献选编》（中），中央文献出版社 2016 年版，第 697～698 页。

参考文献

《马克思恩格斯文集》，人民出版社2009年版。

习近平：《决胜全面建成小康社会　夺取新时代中国特色社会主义伟大胜利——在中国共产党第十九次全国代表大会上的报告（2017年10月18日）》，人民出版社2017年版。

《习近平谈治国理政》，外文出版社2014年版；第二卷，外文出版社2017年版。

习近平：《干在实处　走在前列——推进浙江新发展的思考与实践》，中共中央党校出版社2006年版。

习近平：《之江新语》，浙江人民出版社2007年版。

《中共浙江省委关于建设美丽浙江创造美好生活的决定》（2014年5月23日中国共产党浙江省第十三届委员会第五次全体会议通过），浙江在线，2014。

车俊：《保持战略定力　强化使命担当　奋力开辟美丽浙江建设新境界》，浙江在线，2019。

安烨：《日本环境问题的可持续发展战略及对我国的启示》，《日本学论坛》2004年第1期。

崔浩：《跨行政区域协作共建美丽中国的浙江样本》，浙江大学出版社2019年版。

董强：《马克思主义生态观研究》，人民出版社2015年版。

龚骊：《上海市生态文明建设成效与问题简析》，《统计科学与实践》2014年第1期。

谷树忠：《生态文明建设的科学内涵与基本路径》，《资源科学》2013年第1期。

关仲奇：《美国的可持续发展战略》，《全球科技经济瞭望》1999 年第 12 期。

洪大用、马国栋等：《生态现代化与文明转型》，中国人民大学出版社 2014 年版。

胡亮平：《英国可持续发展战略体系及实施策略》，《新建筑》2006 年第 6 期。

江华峰：《日本改善生态环境和实施可持续发展战略的经验启示》，《西北人口》2006 年第 5 期。

李建华：《“美丽中国”的科学内涵及其战略意义》，《四川大学学报》（哲学社会科学版）2013 年第 5 期。

李军等：《走向生态文明新时代的科学指南：学习习近平同志生态文明建设重要论述》，中国人民大学出版社 2015 年版。

李盛明：《瑞士生态建设有三宝：“教育、制度、网络”》，《光明日报》2015 年 6 月 27 日，第 3 版。

李盛明：《生态文明：瑞士的启示》，《决策探索》2014 年第 7 期。

李宗尧：《扎实推进江苏生态文明新体系建设》，《江苏大学学报》（社会科学版）2013 年第 9 期。

刘薇：《北京生态文明制度建设思路与推进措施研究》，《市场论坛》2013 年第 11 期。

刘薇：《北京市生态文明建设评价指标体系研究》，《国土资源科技管理》2014 年第 2 期。

卢英方：《瑞士、德国的垃圾管理》，《城乡建设》2007 年第 2 期。

吕杰：《瑞士城乡生态建设的实践与思考——以地下水水源保护区建设为例》，《持续发展理性规划——2017 中国城市规划年会论文集》，2017 年。

聂钦宗：《上海生态文明先行示范区建设取得积极成效》，《上海农村经济》2017 年第 3 期。

牛文元：《可持续发展战略：中国 21 世纪发展的必然选择》，《中国发展》2001 年第 1 期。

潘家华主编《中国梦与浙江实践（生态卷）》，社会科学文献出版社 2015 年版。

秦书生：《习近平美丽中国建设思想及其重要意义》，《东北大学学报》（社会科学版）2016年第11期。

全国干部培训教材编审指导委员会：《推进生态文明　建设美丽中国》，党建读物出版社2019年版。

芮黎明：《德国的可持续发展》，《江南论坛》2011年第3期。

上海市发展改革研究院课题组：《上海生态文明建设的激励和约束机制研究》，《科学发展》2014年第4期。

沈满洪：《绿色浙江——生态省建设创新之路》，浙江人民出版社2006年版。

孙鸿坤：《论生态文明建设与美丽中国梦的实现》，《学习论坛》2015年第6期。

塘琛霖：《日本的可持续发展战略简介》，《全球科技经济瞭望》1998年第9期。

陶良虎：《建设生态文明　打造美丽中国》，《理论探索》2014年第2期。

陶良虎、刘光远、肖卫康主编《美丽中国：生态文明建设的理论与实践》，人民出版社2014年版。

王红续：《英国实践可持续发展理念的经验》，《新远见》2008年第12期。

王晓广：《生态文明视域下的美丽中国建设》，《北京师范大学学报》（社会科学版）2013年第2期。

吴凤章：《建设生态文明：厦门特区发展模式创新》，《马克思主义与现实》2006年第4期。

吴洁平：《美国实施农业可持续发展战略经验借鉴》，《统计与决策》2010年第23期。

吴平：《共建美丽中国：新时代生态文明理念、政策与实践》，商务印书馆2018年版。

吴畏：《德国可持续发展模式》，《德国研究》2017年第2期。

徐冬青：《江苏加快生态文明建设的难点问题及路径选择》，《市场周刊》2013年第6期。

徐岩：《江苏生态文明建设的难点、重点及解决路径》，《重庆广播电视大学学报》2014年第12期。

许先春：《可持续发展战略及其在中国的实践》，《北京师范大学学报》（社会科学版）1998年第3期。

许瑛：《“美丽中国”的内涵、制约因素及实现路径》，《理论界》2013年第1期。

薛建明、仇桂且：《生态文明与中国现代化转型研究》，光明日报出版社2014年版。

余晓青：《福建生态文明建设的路径选择》，《长春理工大学学报》（社会科学版）2015年第8期。

俞海；《生态文明建设：认识特征和实践基础及政策路径》，《环境与持续发展》2013年第1期。

岳世平：《厦门经济特区生态文明建设的成就与经验总结》，《厦门特区党校学报》2013年第6期。

曾涛：《美国的可持续发展战略探析》，《湖南社会科学》2002年第4期。

曾献印：《美国可持续发展战略的资源对策及其评价与启示》，《新乡师范高等专科学校学报》2004年第7期。

张高丽：《大力推进生态文明 努力建设美丽中国》，《求是》2013年第24期。

赵成、于萍：《马克思主义生态文明建设研究》，中国社会科学出版社2016年版。

浙江省社会科学院课题组：《践行“八八战略”建设“六个浙江”》，社会科学文献出版社2018年版。

《中日共同可持续发展人才培养项目培训班：日本可持续发展政策与实践》，《电力需求侧管理》2012年第1期。

周文华：《北京市生态文明建设的成效、问题及对策》，《北京联合大学学报》（人文社会科学版）2015年第7期。

周永艳：《生态文明理论和江苏的生态文明建设》，《污染防治技术》2012年第12期。

后　记

2017 年 6 月 12 ~ 16 日，中国共产党浙江省第十四次代表大会隆重召开。大会描绘了高水平全面建成小康社会、高水平推进社会主义现代化建设的宏伟蓝图，提出了建设富强浙江、法治浙江、文化浙江、平安浙江、美丽浙江、清廉浙江的战略目标。浙江省委十四届二次全会在贯彻党的十九大精神中进一步明确提出：到 2035 年，全面建成“六个浙江”，高水平基本实现社会主义现代化。浙江省社会科学院围绕中心，服务大局，迅速启动“六个浙江”重大课题研究，组织全院 30 多位科研骨干，成立 6 个课题组，分别对“六个浙江”进行调查、研究与写作。在全体科研人员的共同努力下，于 2018 年 2 月出版了总卷《践行“八八战略”建设“六个浙江”》。随后，“美丽浙江”研究课题组又展开了分卷《迈向生态文明　建设美丽浙江》的研究，数易其稿，反复修改，终于成卷。

本书是浙江省社会科学院重大科研项目“六个浙江”系列研究的成果之一。本书为“六个浙江”研究丛书的重要组成部分，在本院党委行政领导下，本书的科研工作得到本院科研处的大力帮助，提纲由课题组与科研处多次商讨确定，书稿在写作过程中进行了反复修改审定。课题组负责人傅歆总揽全书、统筹安排，对课题组成员作了具体写作分工，并对全书进行了统稿。

本书具体分工如下：

导言　傅歆

第一章　傅歆　刘健

第二章　马斌　龚上华

第三章　鲁明川　傅歆

第四章　鲁明川　傅歆

第五章 刘健 傅歆

第六章 刘健 傅歆

第七章 马斌 龚上华

第八章 龚上华 谢超凡

第九章 龚上华 林敏

衷心感谢中共浙江省委书记车俊同志及中共浙江省委对“六个浙江”研究丛书的大力支持！感谢中共浙江省委办公厅、省委宣传部、各地市宣传部等各部门给予的支持！感谢本院领导及本院科研处的支持与帮助！本院科研处处长黄宇对“六个浙江”研究丛书进行了具体统筹，科研处李东、朴姬福等同志为本书的写作提供了大力支持。感谢社会科学文献出版社人文分社宋月华社长及诸位编辑为本书付出的辛勤劳动！由于时间紧、任务重，加之学习领会不够深入，缺漏在所难免。敬请领导、专家及读者批评指正！

浙江省社会科学院“美丽浙江”研究课题组

2020 年 5 月

图书在版编目(CIP)数据

迈向生态文明　建设美丽浙江 / 傅歆等著. -- 北京：社会科学文献出版社，2020.8
（“六个浙江”研究丛书）
ISBN 978-7-5201-6603-4

Ⅰ.①迈…　Ⅱ.①傅…　Ⅲ.①生态环境建设-研究-浙江　Ⅳ.①X321.255

中国版本图书馆CIP数据核字（2020）第073046号

·“六个浙江”研究丛书·
迈向生态文明　建设美丽浙江

著　　者 / 傅　歆 等

出 版 人 / 谢寿光
组稿编辑 / 宋月华
责任编辑 / 袁卫华

出　　版 / 社会科学文献出版社·人文分社（010）59367215
地址：北京市北三环中路甲29号院华龙大厦　邮编：100029
网址：www.ssap.com.cn
发　　行 / 市场营销中心（010）59367081　59367083
印　　装 / 三河市龙林印务有限公司

规　　格 / 开 本：787mm×1092mm　1/16
印 张：14.75　字 数：237千字
版　　次 / 2020年8月第1版　2020年8月第1次印刷
书　　号 / ISBN 978-7-5201-6603-4
定　　价 / 128.00元

本书如有印装质量问题，请与读者服务中心（010-59367028）联系